电子技术课程设计指导

编著　韩　建　全星慧　周　围.
主审　牟海维

HEUP 哈尔滨工程大学出版社

内 容 简 介

本书主要分为低频电子线路和脉冲与数字电子线路两大部分,包括功能单元电路设计、基本常用课程设计题目和方案指导,给出了设计实例和具体参考电路,调试方法和仿真设计过程,符合当前电子类学生课程设计内容。本书力求使学生通过本课程设计掌握电子线路设计、安装、调试方法,加深学生对理论知识的理解,有效地提高学生的动手能力,独立分析问题、解决问题能力,协调能力和创造性思维能力,培养学生综合运用理论知识解决实际问题的能力。

本书适合作为高等院校机械、电子、仪器、测控和自动化等专业的教材,同时也可以作为电子工业领域的技工、电器工人和无线电爱好者的自学参考用书。

图书在版编目(CIP)数据

电子技术课程设计指导 /韩建,全星慧,周围编著.
—哈尔滨:哈尔滨工程大学出版社,2013.7(2016.1 重印)
ISBN 978 - 7 - 5661 - 0660 - 5

Ⅰ.①电… Ⅱ.①韩…②全…③周… Ⅲ.①电子技术 - 课程设计 - 高等学校 - 教学参考资料 Ⅳ.①TN - 41

中国版本图书馆 CIP 数据核字(2013)第 190400 号

出版发行	哈尔滨工程大学出版社
社　　址	哈尔滨市南岗区东大直街 124 号
邮政编码	150001
发行电话	0451 - 82519328
传　　真	0451 - 82519699
经　　销	新华书店
印　　刷	哈尔滨工业大学印刷厂
开　　本	787 mm × 1 092 mm　1/16
印　　张	13.5
字　　数	346 千字
版　　次	2014 年 10 月第 1 版
印　　次	2016 年 1 月第 2 次印刷
定　　价	29.00 元

http://www.hrbeupress.com
E-mail:heupress@ hrbeu.edu.cn

前　　言

　　本书是在电子信息工程专业多年课程设计实践训练的基础上，根据电子信息类电子技术课程设计实践课程需求而编写的。全书内容包括电子设计基础、Multisim 12.0仿真、模拟电子技术课程设计、数字电子技术课程设计、电子技术题目汇编、电子技术课程设计撰写规范及要求，共6章，主要面向电子信息类专业电子技术课程设计和实践训练。

　　本书力求做到内容的基础性、综合性、针对性强，便于教师和学生阅读；内容实用性强、通俗易读，有助于读者掌握电子设计仿真和基本电路制作方法；主要体现学生实践训练环节，既有电路仿真，又有电路特性分析；满足普通工科院校电子信息类专业对课程设计的要求。

　　本书由韩建、全星慧、周围主编，并由韩建负责全书的统稿和整理。第1章、第2章由刘东明老师编写；第3章的第1节、第2节，第4章的第1节，第5章、第6章由韩建老师编写；第3章的第1节、第2节、第3节、第4节由全星慧老师编写；第4章的第2节、第3节由周围老师编写。本书在编写过程中得到了电子科学学院领导及电子信息工程专业师生的大力支持，特别是硕士研究生王晓东、何学兰、黄颖等在绘制电路图和进行电路仿真方面给予的帮助，在此表示衷心的感谢。

　　由于编著者水平有限，书中错误和不当之处在所难免，恳请读者批评指正。

编　著　者

2013 年 4 月

前　言

目　　录

第1章

电子技术课程设计基础

1.1 电子技术课程设计的目的和意义

1.1.1 课程设计的任务

本课程设计的基本任务是通过指导学生循序渐进地独立完成电子电路仿真和设计,加深学生对理论知识的理解,有效地提高学生的动手能力,独立分析解决问题能力,协调能力和创造性思维能力。着重提高学生在模拟和数字电路应用方面的实践技能,树立严谨的科学作风,培养学生综合运用理论知识解决实际问题的能力。学生通过电路的仿真、设计、安装、调试、整理资料等环节,初步掌握工程设计方法和组织实践的基本技能,逐步熟悉开展科学实践的程序和方法。课程设计的内容包括模拟电子技术和数字电子技术,学生可以根据自己的实际能力选择自己感兴趣的课题。

1.1.2 课程设计的基本要求

通过课程设计各环节的实践,应使学生达到如下要求。

1. 掌握基本电路分析和设计的基本方法

①根据设计任务和指标,初选电路;

②通过调查研究、设计计算,确定电路方案;

③选择元器件,安装电路,独立进行试验,并通过调试改进方案;

④分析课程设计结果,写出设计总结报告。

2. 培养一定自学能力和独立分析问题、解决问题的能力

①学会自己分析、找出解决问题的方法;

②对设计中遇到的问题,能独立思考,查阅资料,寻找答案;

③掌握一些测试电路的基本方法,能通过分析、观察、判断、试验、再判断的基本方法独立解决课程设计中出现的一般故障;

④能对课程设计结果进行分析和评价。

3. 掌握安装、布线、仿真、调试等基本技能

①掌握常用的仿真软件，并能够利用仿真软件进行一定的电路调试、改进；

②掌握电路布线、调试的基本技巧；

③巩固常用仪器的正确使用方法。

4. 培养学生的实践能力

通过严格的科学训练和工程设计实践,树立严肃认真、一丝不苟、实事求是的科学作风,并培养学生具有一定的生产观点、经济观点、全面观点及团结协作的精神。

1.2 电子技术课程设计的方法

1.2.1 课程设计的基本步骤和方法

1. 设计步骤

整个设计过程可以分为以下几个阶段。

(1)了解课程设计环境

课程设计环境是进行课程设计的物质基础。不同的环境,其实现的方法各不相同。一般来说,课程设计环境应包括硬件环境和软件环境,以及可选用的测量仪器的使用方法,甚至包括课程工具的使用方法。

(2)方案设计

①明确课程设计目的、要求,清晰了解设计需求。课程设计的目的是使课程设计者通过实践进一步理解、掌握所学的理论知识,这就要求课程设计者首先要认真阅读教材,查阅有关资料,总结有关知识点,对学过的理论知识进一步地消化,从而明确每个课程设计的目的。要完成这一阶段的任务,需要设计者进行反复思考,大量参阅文献和资料,将各种方案进行比较及可行性论证,然后才能将方案确定下来。

②正确运用知识点,掌根课程设计原理,完成初步逻辑设计,根据课程设计的内容、要求及课程设计环境,拟定课程设计方案,完成初步逻辑设计。课程设计方案的拟定是课程设计的第一步。实现同一功能,往往可能有多种方案。这就要求从功能、性能价格比、实现的可能性等角度出发综合考虑,最终制订合理的逻辑设计方案。这一阶段的主要任务是准备好课程设计文件,其主要包括:画出方框图,画出构成框图的各单元的逻辑电路图,画出整体逻辑图,给出元器件清单,画出各元件之间的连接图。

(3)方案试验

对所选定的设计方案进行装调试验。由于生产实际的复杂性和电子元器件参数的离散性,加上设计者经验不足,一个仅从理论上设计出来的电路往往是不成熟的,可能存在许多问题,而这些问题不通过课程设计是不容易被检查出来的,因此,在完成方案设计之后,需要进行电路的装配和调试,以发现课程设计现象与设计要求不相符合的情况。需要指出的是,在装配电路的时候,一定要认真仔细、一丝不苟,不要出现错接或漏接,以避免出现人为故障。对某些较复杂的电路可以先对各单元的电路分别进行装配调试,达到指标要求之后,再连接起来统调。课程设计中出现了故障和问题,不要急躁,要善于用理论与实践相结合的方法,去分析原因,要学会区分是由于接线错误造成的故障还是由于器件本身损坏而造成的故障,这样可以较快地找出解决问题的方法和途径。在课程设计过程中,还会出现一些预先估计不到的现象,这就需要改变某些元件的参数或更换元器件,甚至需要修改方案。

（4）工艺设计

完成制作课程设计样机所必需的文件资料,包括整机结构设计及印制电路板设计等。

（5）样机制作及调试

主要包括组装、焊接、调试等。

（6）总结鉴定

考核样机是否全面达到规定的技术指标及能否长期可靠地工作,同时写出设计总结报告。

2. 方案设计的基本步骤

①明确待设计系统的总体方案。

②把系统方案划分为若干相对独立的单元,每个单元的功能再由若干个标准器件来实现,划分为单元的数目不宜太多,但也不能太少。

③设计并实施各个单元电路。在设计中应尽可能多地采用中、大规模集成电路,以减少器件数目,减少连接线,提高电路的可靠性,降低成本。这要求设计者应熟悉器件的种类、功能和特点。

④把单元电路组装成待设计系统。设计者应考虑各单元之间的连接问题。各单元电路在时序上应协调一致,电气特性上要匹配。此外,还应考虑防止竞争冒险及电路的自启动问题。衡量一个电路设计的好坏,主要是看是否达到了技术指标及能否长期可靠地工作。此外还应考虑经济实用、容易操作、维修方便等方面。为了设计出比较合理的电路,设计者除了要具备丰富的经验和较强的想象力之外,还应该尽可能多地熟悉各种典型电路的功能。只要将所学过的知识融会贯通,反复思考,周密设计,一个好的电路方案是不难得到的。

1.2.2 电路的组装

电路组装通常采用通用印刷电路板焊接和实验箱上插接两种方式,不管哪种方式,都要注意:

①集成电路,认清方向,找准第一脚,不要倒插,所有 IC 的插入方向一般应保持一致,管脚不能弯曲折断;

②元器件的装插,去除元器件管脚上的氧化层,根据电路图确定元器件的位置,并按信号的流向依次将元器件顺序连接;

③导线的选用与连接,导线直径应与过孔（或插孔）相当,过大过细均不好;为检查电路方便,要根据不同用途,选择不同颜色的导线,一般习惯是正电源用红线,负电源用蓝线,地线用黑线,信号线用其他颜色的线;连接用的导线要求紧贴在板上,焊接或接触良好,连接线不允许跨越 IC 或其他器件,尽量做到横平竖直,便于查线和更换器件,但高频电路部分的连线应尽量短;电路之间要有公共地;

④在电路的输入、输出端和其测试端应预留测试空间和接线柱,以便测量调试;

⑤布局合理和组装正确的电路,不仅电路整齐美观,而且能提高电路工作的可靠性,便

于检查和排除故障。

1.2.3 电子电路调试

实验和调试常用的仪器有万用表、稳压电源、示波器、信号发生器等,调试的主要步骤如下。

1. 调试前不加电源的检查

对照电路图和实际线路检查连线是否正确,包括错接、少接、多接等;用万用表电阻挡检查焊接和接插是否良好;元器件引脚之间有无短路,连接处有无接触不良,二极管、三极管、集成电路和电解电容的极性是否正确;电源供电(极性、信号源连线)是否正确;电源端对地是否存在短路。若电路经过上述检查,确认无误后,可转入静态检测与调试。

2. 静态检测与调试

断开信号源,把经过准确测量的电源接入电路,用万用表电压挡监测电源电压,观察有无异常现象,如冒烟、异常气味、手摸元器件发烫、电源短路等。如发现异常情况,立即切断电源,排除故障;如无异常情况,分别测量各关键点直流电压,如静态工作点、数字电路各输入端和输出端的高、低电平值及逻辑关系、放大电路输入、输出端直流电压等是否在正常工作状态,如不符,则调整电路元器件参数、更换元器件等,使电路最终工作在合适的工作状态;对于放大电路还要用示波器观察是否有自激发生。

3. 动态检测与调试

动态调试是在静态调试的基础上进行的,调试的方法是在电路的输入端加上所需的信号源,并循着信号的输入逐级检测各有关点的波形、参数和性能指标是否满足设计要求,如必要,要对电路参数作进一步调整。发现问题,要设法找出原因,排除故障,继续进行。

4. 调试注意事项

①正确使用测量仪器的接地端,仪器的接地端与电路的接地端要可靠连接;

②在信号较弱的输入端,尽可能使用屏蔽线连线,屏蔽线的外屏蔽层要接到公共地线上,在频率较高时要设法隔离连接线分布电容的影响,例如用示波器测量时应该使用示波器探头连接,以减少分布电容的影响;

③测量电压所用仪器的输入阻抗必须远大于被测处的等效阻抗;

④测量仪器的带宽必须大于被测量电路的带宽;

⑤正确选择测量点测量;

⑥认真观察记录实验过程,包括条件、现象、数据、波形、相位等;

⑦出现故障时要认真查找原因。

1.2.4 电子电路故障检查的一般方法

对于新设计组装的电路来说,常见的故障原因有:

①实验电路与设计的原理图不符,元件使用不当或损坏;

②设计的电路本身就存在某些严重缺点,不能满足技术要求,连线发生短路和开路;

③焊点虚焊,接插件接触不良,可变电阻器等接触不良;

④电源电压不合乎要求,性能差;

　　⑤仪器使用不当;

　　⑥接地处理不当;

　　⑦相互干扰引起的故障等。

　　检查故障的一般方法有直接观察法、静态检查法、信号寻迹法、对比法、部件替换法、旁路法、短路法、断路法、加速暴露法等,主要介绍以下几种。

　　(1) 直接观察法和静态检查法

　　与前面介绍的调试前的直观检查和静态检查相似,只是更有目标针对性。

　　(2) 信号寻迹法

　　在输入端直接输入一定幅值、频率的信号,用示波器由前级到后级逐级观察波形及幅值,如哪一级异常,则故障就在该级;对于各种复杂的电路,也可将各单元电路前后级断开,分别在各单元输入端加入适当信号,检查输出端的输出是否满足设计要求。

　　(3) 对比法

　　将存在问题的电路参数与工作状态和相同的正常电路中的参数(或理论分析和仿真分析的电流、电压、波形等参数)进行比对,判断故障点,找出原因。

　　(4) 部件替换法

　　用同型号的好器件替换可能存在故障的部件。

　　(5) 加速暴露法

　　有时故障不明显,或时有时无,或要较长时间才能出现,可采用加速暴露法,如用敲击元件或电路板检查接触不良、虚焊,用加热的方法检查热稳定性差等。

1.3　电子电路干扰

1.3.1　干扰的抑制

1. 干扰源

　　电子电路工作时,往往在有用信号之外还存在一些令人头痛的干扰源,有的产生于电子电路内部,有的产生于外部。外部的干扰主要有高频电器产生的高频干扰、电源产生的工频干扰、无线电波的干扰;内部的干扰主要有交流声、不同信号之间的互相感应、调制、寄生振荡、热噪声、因阻抗不匹配产生的波形畸变或振荡。

2. 降低内部干扰的措施

　　(1)元器件布局

　　元件在印刷线路板上排列的位置要充分考虑抗电磁干扰问题,各部件之间的引线要尽量短。在布局上,要把模拟信号、高速数字电路、噪声源(如继电器、大电流开关等)这三部分合理地分开,使相互间的信号耦合为最小。

　　(2)电源线设计

　　根据印制线路板电流的大小,尽量加粗电源线宽度,减少环路电阻。同时,要使电源线、地线的走向和数据传递的方向一致,这样有助于增强抗噪声能力。

（3）地线设计

在电子设备中,接地是控制干扰的重要方法。如能将接地和屏蔽正确结合起来使用,可解决大部分干扰问题。

（4）退耦电容配置线路板设计

退耦电容配置线路板设计的常规做法之一是在线路板的各个关键部位配置适当的退耦电容。退耦电容的一般配置原则是电源输入端跨接 $10 \sim 100$ μF 的电解电容器。原则上每个集成电路芯片都应布置一个 0.01 pF 的瓷片电容,如遇印制板空隙不够,可每 $4 \sim 8$ 个芯片布置一个 $1 \sim 10$ pF 的钽电容。对于抗噪能力弱、关断时电源变化大的器件,如 RAM、ROM 存储器件,应在芯片的电源线和地线之间直接接入退耦电容。电容引线不能太长,尤其是高频旁路电容不能有引线。此外,还应注意在印制板中如有接触器、继电器、按钮等元件时,操作它们时均会产生较大火花、放电,必须采用 RC 电路来吸收放电电流。一般 R 取 $1 \sim 2$ kΩ, C 取 $2.2 \sim 47$ μF。CMOS 的输入阻抗很高,且易受感应,因此在使用时对不用端要接地或接正电源。

3. 降低外部干扰的措施

（1）远离干扰源或进行屏蔽处理

（2）运用滤波器降低外界干扰

4. 接地

接地分安全接地、工作接地,这里所谈的是工作接地,设计接地点就是要尽可能减少各支路电流之间的相互耦合干扰,主要方法有单点接地、串联接地、平面接地。在电子设备中,接地是控制干扰的重要方法。如能将接地和屏蔽正确结合起来使用,可解决大部分干扰问题。电子设备中地线结构大致有系统地、机壳地(屏蔽地)、数字地(逻辑地)和模拟地等。在地线设计中应注意以下几点。

（1）正确选择单点接地与多点接地

在低频电路中,信号的工作频率小于 1 MHz,它的布线和器件间的电感影响较小,而接地电路形成的环流的干扰影响较大,因而应采用一点接地。当信号工作频率大于 10 MHz时,地线阻抗变得很大,此时应尽量降低地线阻抗,采用就近多点接地。高频电路宜采用多点串联接地,地线应短而粗,高频元件周围尽量用栅格状铺地线。当工作频率在 $1 \sim 10$ MHz时,如果采用一点接地,其地线长度不应超过波长的 1/20,否则应采用多点接地法。

（2）将数字电路与模拟电路分开

电路板上既有高速逻辑电路,又有线性电路,应使它们尽量分开,而两者的地线不要相混,分别与电源端地线相连。要尽量加大线性电路的接地面积。

（3）尽量加粗接地线

若接地线很细,接地电位则随电流的变化而变化,致使电子设备的定时信号电平不稳,抗噪声性能变坏,因此应将接地线尽量加粗。

（4）将接地线构成闭环回路

设计只由数字电路组成的印制电路板的地线系统时,将接地线做成闭环回路可以明显地提高抗噪声能力。其原因在于,印制电路板上有很多集成电路元件,尤其遇到有耗电多的元件时,因受接地线粗细的限制,会在地线上产生较大的电位差,引起抗噪声能力下降,若将接地结构成闭环回路,则会缩小电位差值,提高电子设备的抗噪声能力。

1.3.2　地线的阻抗

地线的阻抗引起的地线上各点之间的电位差能够造成电路的误动作,用欧姆表测量地线的电阻时,地线的电阻往往在毫欧姆级,电流流过小的电阻时会产生大的电压降,导致电路工作异常。首先要区分开导线的电阻与阻抗是两个不同的概念。电阻指的是在直流状态下导线对电流呈现的阻抗;而阻抗指的是交流状态下导线对电流的阻抗;这个阻抗主要是由导线的电感引起的。任何导线都有电感,当频率较高时,导线的阻抗远大于直流电阻,在实际电路中,造成电磁干扰的信号往往是脉冲信号,脉冲信号包含丰富的高频成分,因此会在地线上产生较大的电压。对于数字电路而言,电路的工作频率是很高的,因此地线阻抗对数字电路的影响是十分可观的。如果将 10 Hz 的阻抗近似认为是直流电阻,可以看出当频率达到 10 MHz 时,对于 1 m 长导线,它的阻抗是直流电阻的 1 000 倍至 100 000 倍。因此对于射频电流,当电流流过地线时,电压降是很大的。增加导线的直径对于减小直流电阻是十分有效的,但对于减小交流阻抗的作用很有限。为了减小交流阻抗,一个有效的办法是多根导线并联。当两根导线并联时,其总电感 L 为

$$L = (L_1 + M)/2 \qquad\qquad (1-1)$$

式中,L_1 是单根导线的电感,M 是两根导线之间的互感。从式(1-1)中可以看出,当两根导线相距较远时,它们之间的互感很小,总电感相当于单根导线电感的一半。因此可以通过多条接地线来减小接地阻抗,但要注意的是,多根导线之间的距离不能过近。

1.3.3　地环回路干扰对策

从地环回路干扰的机理可知,只要减小地环回路中的电流就能减小地环回路干扰。如果能彻底消除地环回路中的电流,则可以彻底解决地环回路干扰的问题。因此提出以下几种解决地环回路干扰的方案。

①将一端的设备浮地。如果将一端电路浮地,就切断了地环回路,因此可以消除地环回路电流。但有两个问题需要注意。一个问题是,出于安全的考虑,往往不允许电路浮地,这时可以考虑将设备通过一个电感接地,这样对于 50 Hz 的交流电流设备接地阻抗很小,而对于频率较高的干扰信号,设备接地阻抗较大,减小了地环回路电流。但这样做只能减小高频干扰的地环回路干扰。另一个问题是,尽管设备浮地,但设备与地之间还是有寄生电容,这个电容在频率较高时会提供较低的阻抗,因此并不能有效地减小高频地环回路电流。

②使用变压器实现设备之间的连接,利用磁路将两个设备连接起来,可以切断地环回路电流。但要注意,变压器初次级之间的寄生电容仍然能够为频率较高的地环回路电流提供通路,因此变压器隔离的方法对高频地环回路电流的抑制效果较差。提高变压器高频隔离效果的一个办法是在变压器的初次级之间设置屏蔽层,但一定要注意隔离变压器屏蔽层的接地端必须在接收电路一端,否则不仅不能改善高频隔离效果,还可能使高频耦合更加严重。因此,变压器要安装在信号接收设备的一侧。经过良好屏蔽的变压器可以在 1 MHz 以下的频率提供有效的隔离。

第 2 章

Multisim 12.0 电路仿真

2.1 仿真功能介绍

2.1.1 Multisim 12.0 功能

1. 功能简介

Multisim 12.0 是美国国家仪器公司(National Instruments,NI)对模拟及数字电子技术电路进行仿真的软件。

目前,美国 NI 公司的 EWB 有电路仿真设计的模块 Multisim、PCB 设计软件 Ultiboard、布线引擎 Ultiroute 及通信电路分析与设计模块 Commsim 四个部分,能完成从电路的仿真设计到电路板图生成的全过程。Multisim,Ultiboard,Ultiroute 及 Commsim 四个部分相互独立,可以分别使用。Multisim,Ultiboard,Ultiroute 及 Commsim 四个部分有增强专业版(Power Professional)、专业版(Professional)、个人版(Personal)、教育版(Education)、学生版(Student)和演示版(Demo)等版本,各版本的功能和价格有着明显的差异。

Multisim 12.0 用软件的方法虚拟电子与电工元器件,虚拟电子与电工仪器和仪表,实现了"软件即元器件""软件即仪器"。Multisim 12.0 是一个原理电路设计、电路功能测试的虚拟仿真软件。

Multisim 12.0 的元器件库提供数千种电路元器件供实验选用,同时也可以新建或扩充已有的元器件库,而且建库所需的元器件参数可以从生产厂商的产品使用手册中查到,因此,它也很方便在工程设计中使用。

Multisim 12.0 的虚拟测试仪器仪表种类齐全,有一般实验用的通用仪器,如万用表、函数信号发生器、双踪示波器、直流电源,也有一般实验室少有或没有的仪器,如波特图仪、字信号发生器、逻辑分析仪、逻辑转换器、失真仪、频谱分析仪和网络分析仪等。

Multisim 12.0 具有较为详细的电路分析功能,可以完成电路的瞬态分析和稳态分析、时域和频域分析、器件的线性和非线性分析、电路的噪声分析和失真分析、离散傅里叶分析、电路零极点分析、交直流灵敏度分析等电路分析方法,以帮助设计人员分析电路的性能。

　　Multisim 12.0 可以设计、测试和演示各种电子电路,包括电工学、模拟电路、数字电路、射频电路及微控制器和接口电路等。NI Multisim 12.0 可以对被仿真的电路中的元器件设置各种故障,如开路、短路和不同程度的漏电等,从而观察不同故障情况下的电路工作状况。在进行仿真的同时,软件还可以存储测试点的所有数据,列出被仿真电路的所有元器件清单,以及存储测试仪器的工作状态、显示波形和具体数据等。

　　Multisim 12.0 具有丰富的 Help 功能,其 Help 系统不仅包括软件本身的操作指南,更重要的是还包括元器件的功能解说,Help 中这种元器件功能解说有利于使用 EWB 进行 CAI 教学。另外,NI Multisim12.0 还提供了与国内外流行的印刷电路板设计自动化软件 Protel 及电路仿真软件 PSpice 之间的文件接口,也能通过 Windows 的剪贴板把电路图送往文字处理系统中进行编辑排版,支持 VHDL 和 Verilog HDL 语言的电路仿真与设计。

　　Multisim 12.0 可以实现计算机仿真设计与虚拟实验,与传统的电子电路设计与实验方法相比,其具有如下特点:设计与实验可以同步进行,可以边设计边实验,修改调试方便;设计和实验用的元器件及测试仪器仪表齐全,可以完成各种类型的电路设计与实验;可以方便地对电路参数进行测试和分析;可以直接打印、输出实验数据、测试参数、曲线和电路原理图;实验中不消耗实际的元器件,实验所需元器件的种类和数量不受限制,实验成本低,实验速度快,效率高;设计和实验成功的电路可以直接在产品中使用。

　　Multisim 12.0 易学易用,便于电子信息、通信工程、自动化、电气控制类专业学生自学,便于开展综合性的设计和实验,有利于培养学生的综合分析能力、开发和创新的能力。

2. 常用主要元件库

　　①二极管库中的虚拟器件的参数是可以任意设置的,非虚拟元器件的参数是固定的,但是可以选择的。

　　②晶体管库包括晶体管、FET 等器件。晶体管库中的虚拟器件的参数是可以任意设置的,非虚拟元器件的参数是固定的,但是是可以选择的。

　　③模拟集成电路库包括多种运算放大器。模拟集成电路库中的虚拟器件的参数是可以任意设置的,非虚拟元器件的参数是固定的,但是是可以选择的。

　　④TTL 数字集成电路库包括 74×× 系列和 74LS×× 系列等 74 系列数字电路器件。

　　⑤CMOS 数字集成电路库包括 40×× 系列和 74HC×× 系列多种 CMOS 数字集成电路系列器件。

　　⑥数字器件库包括 DSP,FPGA,CPLD,VHDL 等器件。

　　⑦数模混合集成电路库包括 ADC/DAC、555 定时器等数模混合集成电路器件。

　　⑧指示器件库包括电压表、电流表、七段数码管等器件。

　　⑨电源器件库包括三端稳压器、PWM 控制器等电源器件。

　　⑩其他器件库包括晶体、滤波器等器件。

　　⑪键盘显示器库包括键盘、LCD 等器件。

　　⑫机电类器件库包括开关、继电器等机电类器件。

　　⑬微控制器件库包括 8051、PIC 等微控制器。

　　⑭射频元器件库包括射频晶体管、射频 FET、微带线等射频元器件。

　　⑮子电路是由用户自己定义的一个电路(相当于一个电路模块),可存放在自定元器件库中供电路设计时反复调用。利用子电路可使大型的、复杂系统的设计模块化、层次化,从

而提高设计效率与设计文档的简洁性、可读性,实现设计的重复利用,缩短产品的开发周期。

3. Multisim 12.0 的仪器库

Multisim 的仪器库存放有数字多用表、函数信号发生器、示波器、波特图仪、字信号发生器、逻辑分析仪、逻辑转换仪、瓦特表、失真度分析仪、网络分析仪、频谱分析仪 11 种仪器仪表可供使用,仪器仪表以图标方式存在。

(1)数字多用表(Multimeter)

数字多用表是一种可以用来测量交直流电压、交直流电流、电阻及电路中两点之间分贝损耗,自动调整量程的数字显示的多用表。

(2)函数信号发生器(Function Generator)

函数信号发生器是可提供正弦波、三角波、方波三种不同波形的信号的电压信号源。

(3)瓦特表(Wattmeter)

瓦特表用来测量电路的功率,交流或者直流均可测量。

(4)示波器(Oscilloscope)

示波器用来显示电信号波形的形状、大小、频率等参数的仪器。

(5)波特图仪(Bode Plotter)

波特图仪可以用来测量和显示电路的幅频特性与相频特性,类似于扫频仪。

(6)字信号发生器(Word Generator)

字信号发生器是能产生 16 路(位)同步逻辑信号的一个多路逻辑信号源,用于对数字逻辑电路进行测试。

(7)逻辑分析仪(Logic Analyzer)

逻辑分析仪用于对数字逻辑信号的高速采集和时序分析,可以同步记录和显示 16 路数字信号。

(8)失真度分析仪(Distortion Analyzer)

失真度分析仪是一种用来测量电路信号失真的仪器,Multisim 提供的失真分析仪频率范围为 20 Hz ~ 20 kHz。频谱分析仪(Spectrum Analyzer)用来分析信号的频域特性,Multisim 提供的频谱分析仪频率范围上限为 4 GHz。

(9)网络分析仪(Network Analyzer)

网络分析仪是一种用来分析双端口网络的仪器,它可以测量衰减器、放大器、混频器、功率分配器等电子电路及元件的特性。Multisim 提供的网络分析仪可以测量电路的 S 参数并计算出 H,Y,Z 参数。

(10)IV(电流/电压)分析仪

IV(电流/电压)分析仪用来分析二极管、PNP 和 NPN 晶体管、PMOS 和 CMOS FET 的 IV 特性。注意:IV 分析仪只能够测量未连接到电路中的元器件。

(11)测量探针和电流探针

在电路仿真时,将测量探针和电流探针连接到电路中的测量点,测量探针即可测量出该点的电压和频率值,电流探针即可测量出该点的电流值。电压表和电流表都放在指示元器件库中,在使用中数量没有限制。

4. Multisim 12.0 分析功能

Multisim 12.0 具有较强的分析功能,用鼠标点击 Simulate(仿真)菜单中的 Analysis(分析)菜单(Simulate→ Analysis),可以弹出电路分析菜单。

（1）交流分析（AC Analysis）

交流分析（AC Analysis）用于分析电路的频率特性。需先选定被分析的电路节点,在分析时,电路中的直流源将自动置零,交流信号源、电容、电感等均处在交流模式,输入信号也设定为正弦波形式。若把函数信号发生器的其他信号作为输入激励信号,在进行交流频率分析时,会自动把它作为正弦信号输入,因此输出响应也是该电路交流频率的函数。

（2）瞬态分析（Transient Analysis）

瞬态分析是指对所选定的电路节点的时域响应,即观察该节点在整个显示周期中每一时刻的电压波形。在进行瞬态分析时,直流电源保持常数,交流信号源随着时间而改变,电容和电感都是能量储存模式元件。

（3）傅里叶分析（Fourier Analysis）

傅里叶分析用于分析一个时域信号的直流分量、基频分量和谐波分量,即把被测节点处的时域变化信号作离散傅里叶变换,求出它的频域变化规律。在进行傅里叶分析时,必须首先选择被分析的节点,一般将电路中的交流激励源的频率设定为基频,若在电路中有几个交流源时,可以将基频设定为这些频率的最小公因数。譬如,有一个 10.5 kHz 和一个 7 kHz 的交流激励源信号,则基频可取 0.5 kHz。

（4）噪声分析（Noise Analysis）

噪声分析用于检测电子线路输出信号的噪声功率幅度,用于计算、分析电阻或晶体管的噪声对电路的影响。在分析时,假定电路中各噪声源是互不相关的,因此它们的数值可以分开各自计算。总的噪声是各噪声在该节点的和（用有效值表示）。

（5）噪声系数分析（Noise Figure Analysis）

噪声系数分析主要用于研究元件模型中的噪声参数对电路的影响。在 Multisim 中噪声系数定义中:No 是输出噪声功率,Ns 是信号源电阻的热噪声,G 是电路的 AC 增益（即二端口网络的输出信号与输入信号的比）。噪声系数的单位是 dB。

（6）失真分析（Distortion Analysis）

失真分析用于分析电子电路中的谐波失真和内部调制失真（互调失真）,通常非线性失真会导致谐波失真,而相位偏移会导致互调失真。若电路中有一个交流信号源,该分析能确定电路中每一个节点的二次谐波和三次谐波的幅值;若电路有两个交流信号源,该分析能确定电路变量在三个不同频率处的复值,即两个频率之和的值、两个频率之差的值以及二倍频与另一个频率的差值。该分析方法是对电路进行小信号的失真分析,采用多维的“Volterra”分析法和多维“泰勒”(Taylor)级数来描述工作点处的非线性,级数要用到三次方项。这种分析方法尤其适合观察在瞬态分析中无法看到的、比较小的失真。

（7）直流扫描分析（DC Sweep）

直流扫描分析是利用一个或两个直流电源分析电路中某一节点上的直流工作点的数值变化的情况。注意:如果电路中有数字器件,可将其当作一个大的接地电阻处理。

（8）灵敏度分析（Sensitivity）

灵敏度分析是分析电路特性对电路中元器件参数的敏感程度。灵敏度分析包括直流灵敏度分析和交流灵敏度分析功能。直流灵敏度分析的仿真结果以数值的形式显示,交流灵敏度分析的仿真结果以曲线的形式显示。

（9）参数扫描分析（Parameter Sweep）

参数扫描分析采用参数扫描方法分析电路，可以较快地获得某个元件的参数在一定范围内变化时对电路的影响。相当于该元件每次取不同的值，进行多次仿真。数字器件在进行参数扫描分析时将被视为高阻接地。

（10）温度扫描分析（Temperature Sweep）

采用温度扫描分析可以同时观察到在不同温度条件下的电路特性，相当于该元件每次取不同的温度值进行多次仿真。可以通过"温度扫描分析"对话框，选择被分析元件温度的起始值、终值和增量值。在进行其他分析的时候，电路的仿真温度默认值设定在 27 ℃。

（11）零－极点分析（Pole Zero）

该方法是一种对电路的稳定性分析相当有用的工具。该分析方法可以用于交流小信号电路传递函数中零点和极点的分析。通常先进行直流工作点分析，对非线性器件求得线性化的小信号模型。在此基础上再分析传输函数的零点、极点。零－极点分析主要用于模拟小信号电路的分析，数字器件将被视为高阻接地。

（12）传递函数分析（Transfer Function）

传递函数分析可以分析一个源与两个节点的输出电压或一个源与一个电流输出变量之间的直流小信号传递函数，也可以用于计算输入和输出阻抗。需先对模拟电路或非线性器件进行直流工作点分析，求得线性化的模型，然后再进行小信号分析。输出变量可以是电路中的节点电压，输入必须是独立源。

（13）最坏情况分析（Worst Case）

最坏情况分析是一种统计分析方法，可以观察到在元件参数变化时，电路特性变化的最坏可能性，适合于对模拟电路直流和小信号电路的分析。所谓最坏情况是指电路中的元件参数在其容差域边界点上取某种组合时所引起的电路性能的最大偏差，而最坏情况分析是在给定电路元件参数容差的情况下，估算出电路性能相对于标称值时的最大偏差。

（14）蒙特卡罗分析（Monte Carlo）

蒙特卡罗分析是采用统计分析方法来观察给定电路中的元件参数，按选定的误差分布类型在一定范围内变化时，对电路特性的影响。用这些分析的结果，可以预测电路在批量生产时的成品率和生产成本。

（15）导线宽度分析（Trace Width）

导线宽度分析主要用于计算电路中电流流过时所需要的最小导线宽度。

（16）批处理分析（Batched）

在实际电路分析中，通常需要对同一个电路进行多种分析，例如对一个放大电路，为了确定静态工作点，需要进行直流工作点分析；为了了解其频率特性，需要进行交流分析；为了观察输出波形，需要进行瞬态分析。批处理分析可以将不同的分析功能放在一起依序执行。

2.1.2　Multisim 12.0 常用元件库分类

Multisim 12.0 常用元件库如图 2.1 所示，包括电路仿真所需的各种元器件。

放置信号源
放置基础元件
放置二极管
放置晶体管
放置模拟元件
放置TTL
放置CMOS
放置其他数字元件
放置混合元件
放置指示器
放置功率元件
放置其他元件
放置高级外设
放置RF
放置机电式元件
放置NI元件
放置连接器
放置MCU
层次块来自文件
放置总线
MISC

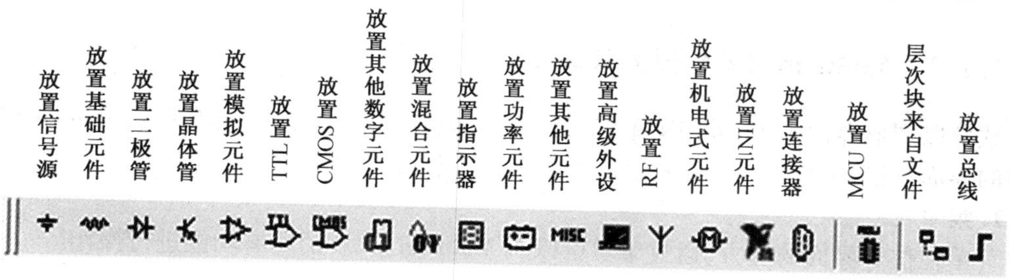

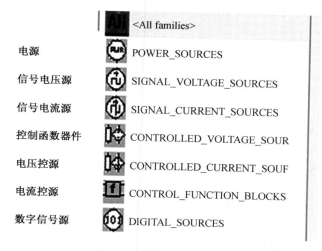

图 2.1　元件库示意图

点击“放置信号源”按钮，弹出对话框中的“系列”栏，如图 2.2 所示。

<All families>
电源
POWER_SOURCES
信号电压源
SIGNAL_VOLTAGE_SOURCES
信号电流源
SIGNAL_CURRENT_SOURCES
控制函数器件
CONTROLLED_VOLTAGE_SOUR
电压控源
CONTROLLED_CURRENT_SOUF
电流控源
CONTROL_FUNCTION_BLOCKS
数字信号源
DIGITAL_SOURCES

图 2.2　放置信号源示意图

选中“电源(POWER_SOURCES)”，其“元件”栏下内容如图 2.3 所示。

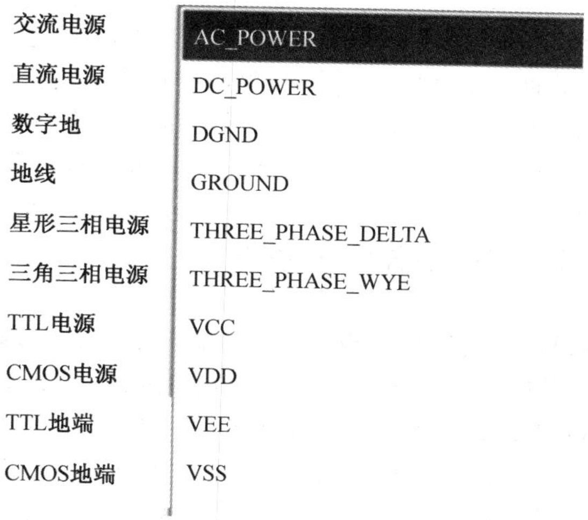

交流电源
AC_POWER
直流电源
DC_POWER
数字地
DGND
地线
GROUND
星形三相电源
THREE_PHASE_DELTA
三角三相电源
THREE_PHASE_WYE
TTL电源
VCC
CMOS电源
VDD
TTL地端
VEE
CMOS地端
VSS

图 2.3　电源元件库示意图

2.1.3　Multisim 12.0 界面菜单工具栏介绍

软件以图形界面为主,采用菜单、工具栏和热键相结合的方式,具有一般 Windows 应用软件的界面风格,用户可以根据自己的习惯和熟悉程度自如使用。

1. 菜单栏

菜单栏位于界面的上方,通过菜单可以对 Multisim 12.0 的所有功能进行操作。

(1)File

File 菜单中包含了对文件和项目的基本操作以及打印等命令。

(2)Edit

Edit 命令提供了类似于图形编辑软件的基本编辑功能,用于对电路图进行编辑。

(3)View

通过 View 菜单可以决定使用软件时的视图,对一些工具栏和窗口进行控制。

(4)Place

通过 Place 命令输入电路图。

(5)Simulate

通过 Simulate 菜单执行仿真分析命令。

(6)Transfer 菜单

Transfer 菜单提供的命令可以完成 Multisim 对其他 EDA 软件需要的文件格式的输出。

(7)Tools

Tools 菜单主要针对元器件的编辑与管理的命令。

(8)Options

通过 Option 菜单可以对软件的运行环境进行定制和设置。

(9)Help

Help 菜单提供了对 Multisim 12.0 的在线帮助和辅助说明。

2. 工具栏

Multisim 12.0 提供了多种工具栏,并以层次化的模式加以管理,用户可以通过 View 菜单中的选项方便地将顶层的工具栏打开或关闭,再通过顶层工具栏中的按钮来管理和控制下层的工具栏。通过工具栏,用户可以方便直接地使用软件的各项功能。

顶层的工具栏有 Standard 工具栏、Design 工具栏、Zoom 工具栏和 Simulation 工具栏。

(1)Standard 工具栏

Standard 工具栏包括常见的文件操作和编辑操作。

(2)Design 工具栏

Design 工具栏作为设计工具栏是 Multisim 12.0 的核心工具栏,通过对该工作栏按钮的操作可以完成对电路从设计到分析的全部工作,其中的按钮可以直接开关下层的工具栏:Component 中的 Multisim Master 工具栏和 Instrument 工具栏。

①作为元器件(Component)工具栏中的一项,可以在 Design 工具栏中通过按钮来开关 Multisim Master 工具栏。该工具栏有 14 个按钮,每一个按钮都对应一类元器件,其分类方式和 Multisim 12.0 元器件数据库中的分类相对应,通过按钮上图标就可以大致清楚该类元器件的类型。具体的内容可以从 Multisim 12.0 的在线文档中获取。

这个工具栏作为元器件的顶层工具栏,每一个按钮又可以开关下层的工具栏,下层工具栏是对该类元器件更细致的分类工具栏。

②Instruments 工具栏集中了 Multisim 12.0 为用户提供的所有虚拟仪器仪表,用户可以通过按钮选择自己需要的仪器对电路进行观测。

(3) Zoom 工具栏

用户可以通过 Zoom 工具栏方便地调整所编辑电路的视图大小。

(4) Simulation 工具栏

Simulation 工具栏可以控制电路仿真的开始、结束和暂停。

(5) 11 种虚拟仪器的名称及表示方法

电路中的仪器符号	仪器名称
Multimeter	万用表
Function Generator	波形发生器
Water Meter	瓦特表
Oscilloscope	示波器
Bode Plotter	波特图图示仪
Word Generator	字信号发生器
Logic Analyzer	逻辑分析仪
Logic Converter	逻辑转换仪
Distortion Analyzer	失真度分析仪
Spectrum Analyzer	频谱仪
Network Analyzer	网络分析仪

2.1.4　最简单的 *RC* 高通滤波频响仿真

(1) 点击工具栏。

(2) 画出 *RC* 高通滤波电路图,如图 2.4 所示。

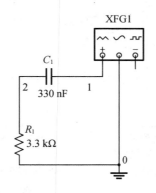

图 2.4　*RC* 高通滤波电路图

(3) 画的过程中要用鼠标右键来旋转电阻。

(4) 开始仿真,点菜单"仿真"—"分析"—"交流分析",并且把参数设置好,如图 2.5 所示。

图2.5 交流分析设置示意图

第二页选择要测试的电路位置（可多选），如图2.6所示。

图2.6 测试点设置示意图

最后点击"仿真"按钮,频响相位图如图 2.7 所示。

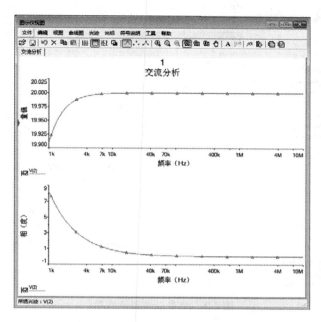

图 2.7　交流分析仿真结果示意图

2.1.5　基于 Multisim 12.0 的仿真实例

(1)打开 Multisim 12.0 设计环境。选择文件—新建—原理图,即弹出一个新的电路图编辑窗口,工程栏同时出现一个新的名称。单击"保存",将该文件命名,保存到指定文件夹下。

①文件的名字要能体现电路的功能。

②在电路图的编辑和仿真过程中,要养成随时保存文件的习惯,以免由于没有及时保存而导致文件的丢失或损坏。

③最好用一个专门的文件夹来保存所有基于 Multisim 12.0 的例子,这样便于管理。

(2)在绘制电路图之前,需要先熟悉一下元件栏和仪器栏的内容,看看 Multisim 12.0 都提供了哪些电路元件和仪器。由于安装的是汉化版的,直接把鼠标放到元件栏和仪器栏相应的位置,系统会自动弹出元件或仪表的类型。

(3)首先放置电源。点击元件栏的放置信号源选项,出现如图 2.8 所示的对话框。

①在"数据库"选项中,选择"主数据库"。

②在"组"选项里选择"sources"。

③在"系列"选项里选择"POWER_SOURCES"。

④在"元件"选项里,选择"DC_POWER"。

⑤在右边的"符号""功能"等对话框里,会根据所选项目,列出相应的说明。

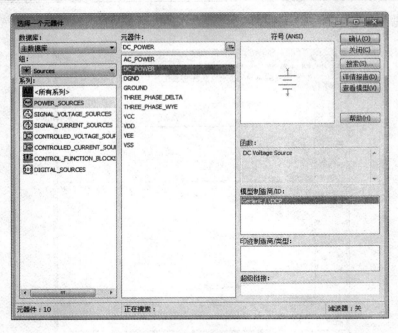

图 2.8　信号源选择示意图

（4）选择好电源符号后，点击"确定"按钮，移动鼠标到电路编辑窗口，选择放置位置后，点击鼠标左键即可将电源符号放置于电路编辑窗口中，放置完成后，还会弹出元件选择对话框，可以继续放置，点击关闭按钮可以取消放置。

（5）放置的电源符号显示的是 12 V。不需要 12 V 时，怎么修改呢？双击该电源符号，出现如图 2.9 所示的属性对话框，在该对话框里，可以更改该元件的属性，也可更改元件的序号引脚等属性。在这里，将电压改为 3 V。

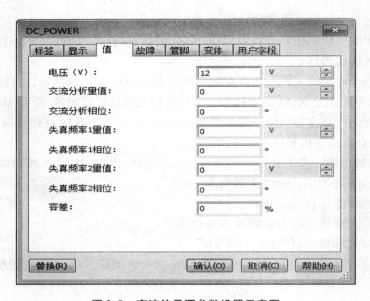

图 2.9　直流信号源参数设置示意图

（6）接下来放置电阻。点击"放置基础元件"，弹出如图 2.10 所示对话框。

①在"数据库"选项，选择"主数据库"。

②在"组"选项里选择"Basic"。

③在"系列"选项里选择"RESISTOR"。

④在"元件"选项里选择"20K"。

⑤在右边的"符号""功能"等对话框里，会根据所选项目，列出相应的说明。

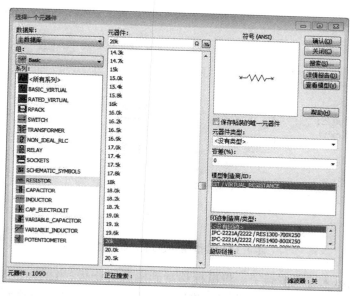

图 2.10　放置基础元件示意图

（7）按上述方法，再放置一个 10 kΩ 的电阻和一个 100 kΩ 的可调电阻。放置完毕后，如图 2.11 所示。

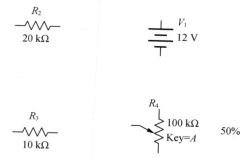

图 2.11　未布局的元件图

（8）可以看到，放置后的元件都按照默认的摆放情况被放置在编辑窗口中。例如，电阻是默认横着摆放的，但实际在绘制电路过程中，各种元件的摆放情况是不一样的，比如想把电阻 R_1 变成竖直摆放，那该怎样操作呢？可以通过这样的步骤来操作：将鼠标放在电阻 R_1 上，然后右键点击，这时会弹出一个对话框，在对话框中可以选择让元件顺时针或者逆时针旋转 90°。

如果元件摆放的位置不合适,想移动一下元件的摆放位置,则将鼠标放在元件上,按住鼠标左键,即可拖动元件到合适位置。

(9)放置电压表。在仪器栏选择"万用表",将鼠标移动到电路编辑窗口内,这时可以看到,鼠标上跟随着一个万用表的简易图形符号。点击鼠标左键,将电压表放置在合适位置。电压表的属性同样可以双击鼠标左键进行查看和修改。所有元件放置好后,如图2.12所示。

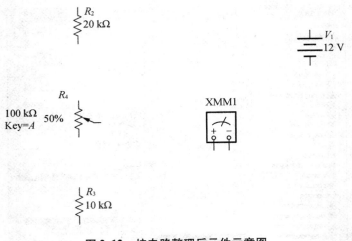

图2.12　按电路整理后元件示意图

(10)下面就进入连线步骤了。将鼠标移动到电源的正极,当鼠标指针变成星号时,表示导线已经和正极连接起来了,单击鼠标将该连接点固定,然后移动鼠标到电阻 R_1 的一端,出现小红点后,表示正确连接到 R_1 了,单击鼠标左键固定,这样一根导线就连接好了,如图2.13所示。如果想要删除这根导线,将鼠标移动到该导线的任意位置,点击鼠标右键,选择"删除"即可将该导线删除,或者选中导线,直接按"delete"键删除。

图2.13　连线示意图

(11)按照前面第三步的方法,放置一个公共地线,如图2.14所示,将各连线连接好。

(12)电路连接完毕,检查无误后,进行仿真。点击仿真栏中的绿色开始按钮。电路进入仿真状态。双击图中的万用表符号,即可弹出如图2.15所示的对话框,在这里显示了电阻 R_2 的电压。对于显示的电压值是否正确,根据电路图可知, R_2 上的电压值应等于:(电源电压× R_2 的阻值)/(R_1 , R_2 , R_3 的阻值之和)。则计算如下:$(3.0 \times 10 \times 1000)/[(10+20+$

50）×1000〕= 0.375 V,经验证电压表显示的电压正确。R_4 的阻值是如何得来的呢? 从图 2.15中可以看出,R_4 是一个 100 kΩ 的可调电阻,其调节百分比为 50%,则在这个电路中,R_3 的阻值为 10 kΩ。

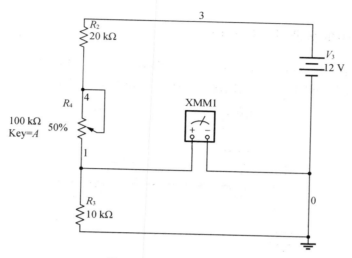

图 2.14　电阻分压原理图

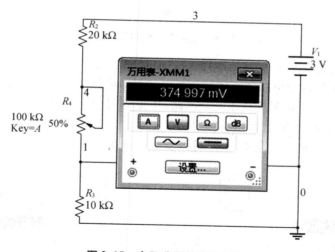

图 2.15　电阻分压仿真结果图

（13）关闭仿真,改变 R_2 的阻值,按照第 12 步骤再次观察 R_2 上的电压值,会发现随着 R_2 阻值的变化,其上的电压值也随之变化。注意:在改变 R_2 阻值的时候,关闭仿真,及时保存文件。

2.2　电阻、电容、电感的电特性分析

2.2.1　电阻的分压、限流及演示

电阻的作用主要是分压、限流。现在利用 Multisim 12.0 对这些特性进行演示和验证。

（1）电阻的分压特性演示，首先创建一个如图 2.16 所示的电路。

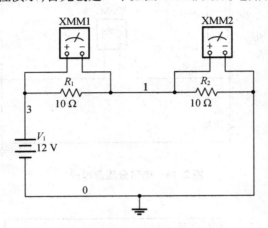

图 2.16　电阻分压特性演示图

（2）打开仿真，观察两个电压表各自测得的电压值，如图 2.17 所示。两个电压表测得的电压都是 6 V，根据这个电路的原理同样可以计算出电阻 R_1 和 R_2 上的电压均为 6 V。在这个电路中，电源和两个电阻构成了一个回路，根据电阻分压原理，电源的电压被两个电阻分担了，根据两个电阻的阻值，可以计算出每个电阻上分担的电压。

同理，可以改变这两个电阻的阻值，进一步验证电阻分压特性。

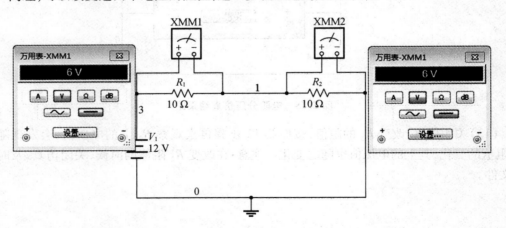

图 2.17　电阻分压特性仿真结果图

（3）电阻限流特性演示如图 2.18 所示的电路。

（4）这时需要将万用表作为电流表使用,双击万用表,弹出万用表的属性对话框,如图 2.19 所示,点击按钮"A",这时万用表相当于被拨到了电流挡。

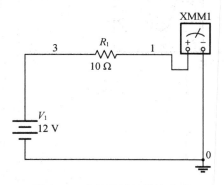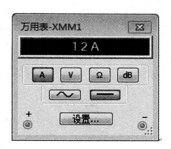

图 2.18　电阻限流特性演示图　　　　**图 2.19　电阻限流特性仿真结果图**

（5）开始仿真,双击万用表,弹出电流值显示对话框,查看电阻 R_1 电流,如图 2.20 所示。

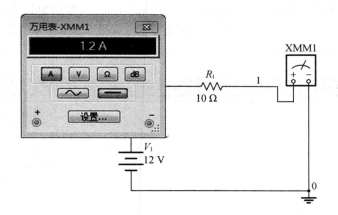

图 2.20　电阻限流特性仿真结果图

（6）关闭仿真,将电阻 R_1 的阻值修改为 10 kΩ,再打开仿真,观察电流的变化情况,可以看到电流发生了变化。根据电阻值大小的不同,电流大小也相应地发生变化,从而验证了限流特性。

2.2.2　电容的隔直流通交流特性的演示和验证

电容的特性是隔直流通交流,也就是说,电容两端只允许交流信号通过,直流信号是不能通过电容的。下面就来演示和验证一下

（1）电容的隔直流特性的演示和验证。创建如图 2.21 所示电路图,在这个电路中,用直流电源加到电容的两端,通过示波器观察电路中的电压变化。

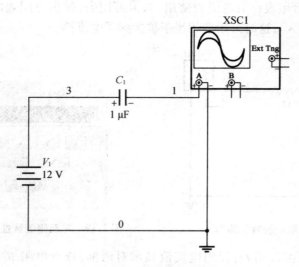

图 2.21　电容隔直流特性演示图

（2）在这个电路中是没有电流通过的，所以用示波器只能看到电压为 0，测量出来的电压波形与示波器的 0 点标尺重合了，不便于观察，为此双击示波器，如图 2.22 所示，将 Y 轴的位置参数改为 1，便于观察。

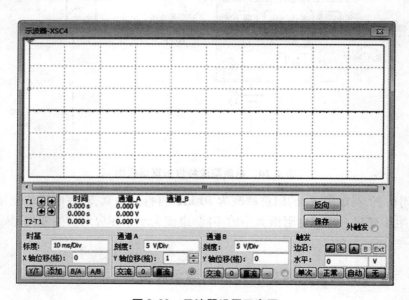

图 2.22　示波器设置示意图

（3）打开仿真，如图 2.23 所示，看到的这条线就是示波器测得的电压，可以看到这个电压是 0，从而验证了电容的隔直流特性。

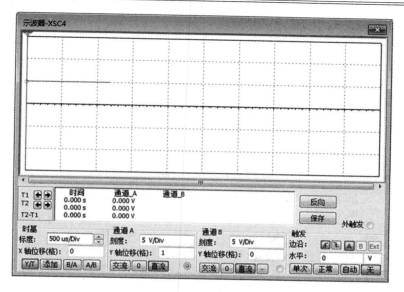

图 2.23　电容隔直流特性仿真结果图

（4）电容的通交流特性的演示，创建如图 2.24 所示的电路图，在本电路图中，将电源由直流电源换为交流电源，电源电压和频率分别为 6 V、50 Hz。同时，由于上面的试验中改变了示波器的水平位置，在这里需要将水平位置仍然改为 0。

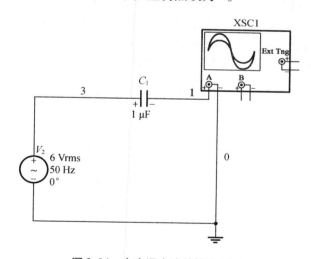

图 2.24　电容通交流特性演示图

（5）打开仿真，双击示波器，观察电路中的电压变化。如图 2.25 所示，电路中有了频率为 50 Hz 的电压变化，从而验证了电容的通交流的特性。

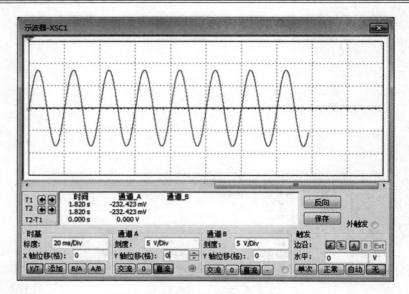

图 2.25　电容通交流特性仿真结果图

2.2.3　电感的隔交流通直流特性的演示与验证

（1）电感的通直流特性的演示与验证,创建如图 2.26 所示的电路图。为了得到更好的演示效果,在电感的两端分别连接示波器的一个通道。通道 A 测量电源经过电感后的电压变化情况,通道 B 连接电源,观察电源两端的电源情况。为了便于观察,示波器两个通道的水平位置进行了不同设置。这是因为直流电源通过电感后,其电压情况没有发生变化,示波器两个通道的波形会重叠在一起。通过调整两个通道的水平位置,将这两个波形分开,这样能够比较直观地看到两个通道的波形。

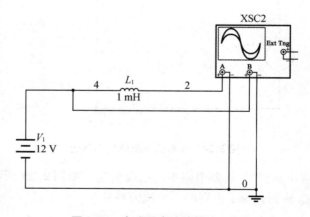

图 2.26　电感通直流特性演示图

（2）打开仿真,双击示波器,就可以看到 A,B 两个通道上都有电压,这就验证了电感的通直流特性,如图 2.27 所示。

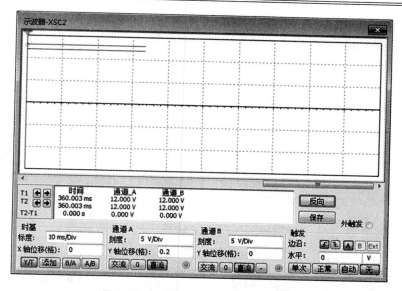

图 2.27　电感通直流特性仿真结果图

　　(3)电感隔交流特性分析。建立如图 2.28 所示电路图,将电源变为交流电源,频率为 50 Hz。

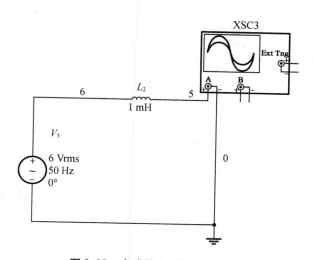

图 2.28　电感隔交流特性演示图

　　(4)打开仿真,双击示波器,可以看到示波器上没有电压,说明电感将交流电隔断了。改变频率的大小,可以发现,在频率较低的时候,电压是能够通过电感的,但是随着频率的提高,电压逐渐就被完全隔断了,这与电感的频率特性是一致的。电感隔交流特性仿真结果如图 2.29 所示。

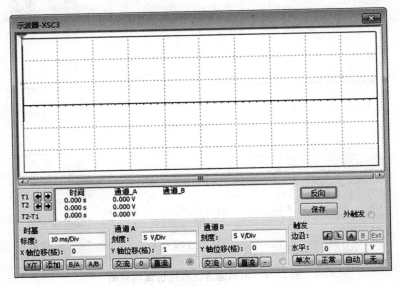

图 2.29　电感隔交流特性仿真结果图

2.2.4　二极管的特性分析与验证

（1）二极管单向导电特性的演示与验证,建立如图 2.30 所示电路,这里用到了一个新的虚拟仪器——函数信号发生器,函数信号发生器是一个可以发生各种信号的仪器。函数信号发生器的信号是根据函数值来变化的,它可以产生幅值、频率、占空比都可调的波形,可以是正弦波、三角波、方波等。这里利用函数发生器来产生电路的输入信号。仿真前应设置好函数信号发生器的幅值、频率、占空比、偏移量以及波形形式。示波器的两个通道,一路用来检测信号发生器波形,另一路用来监视信号经过二极管后的波形变化情况。

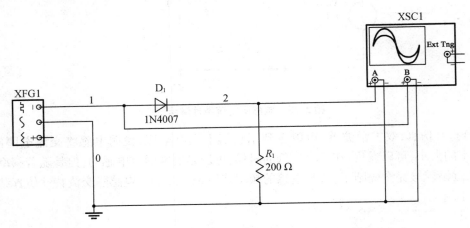

图 2.30　二极管单向导电特性演示图(二极管正向安装)

（2）打开仿真,双击示波器查看示波器两个通道的波形。如图 2.31 所示,可以看到,在信号经过二极管前,是完整的正弦波,经过二极管后,正弦波的负半周消失了。这样就证明了二极管的单向导电性。可以试着把信号发生器的波形改为三角波、矩形波,然后再观察输出效果。可以得出同样的结论:二极管正向偏置时,电流通过,反向偏置时,电流截止。

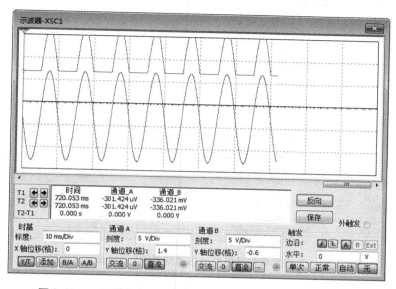

图 2.31　二极管单向导电特性仿真结果图(二极管正向安装)

(3)在电路中将二极管反过来安装,然后观察仿真效果。二极管反向安装后,其输出波形与正向安装时的波形刚好相反。电路和波形如图 2.32 所示。

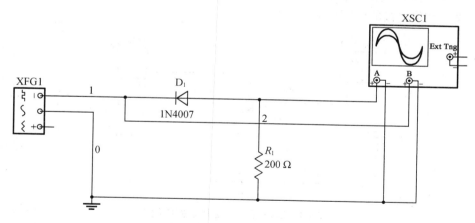

图 2.32　二极管单向导电特性演示图(二极管反向安装)

(4)二极管单向导电性仿真结果如图 2.33 所示。

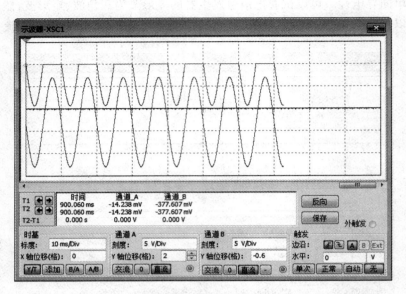

图 2.33   二极管单向导电特性仿真结果图（二极管反向安装）

2.2.5   三极管的特性演示与验证

（1）三极管的电流放大特性。创建并绘制如图 2.34 所示电路。在电路中，使用 NPN 型三极管 2N1711 进行试验。采用共射极放大电路接法。基极和集电极分别连接电流表。另外注意，基极和集电极的电压是不一样的。

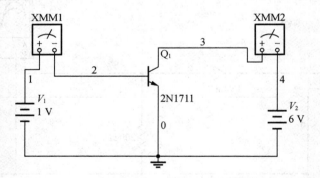

图 2.34   三极管电流放大特性演示图

（2）打开仿真，双击两个万用表（注意选择电流挡），如图 2.35 所示。连接在基极的电流表和连接在集电极的电流表显示的电流值差别很大。在基极用一个很小的电流，就可以在集电极获得比较大的电流，从而验证了三极管的电流放大特性。

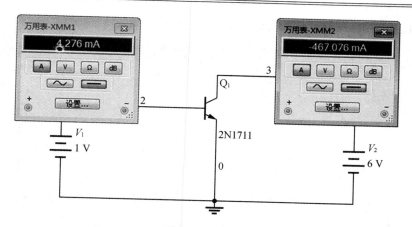

图 2.35　三极管电流放大特性仿真结果图

2.3　Multisim 12.0 仿真软件操作过程

2.3.1　原理图设计步骤

一般而言,数字电子产品原理图的设计可分为三个步骤:

(1)根据逻辑功能要求确定输入输出关系;

(2)根据输入输出关系选择逻辑器件;

(3)绘制原理图。

2.3.2　创建电路图

1.启动操作

启动 Multisim 12.0 以后,出现以下界面,如图 2.36 所示。

图 2.36　Multisim 12.0 启动界面示意图

启动 Multisim 12.0 后出现的窗口如图 2.37 所示。

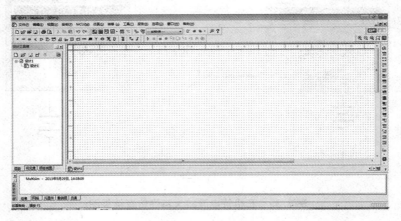

图 2.37　Multisim 12.0 主窗口示意图

选择文件/新建/原理图,即弹出图 2.38 所示的主设计窗口。

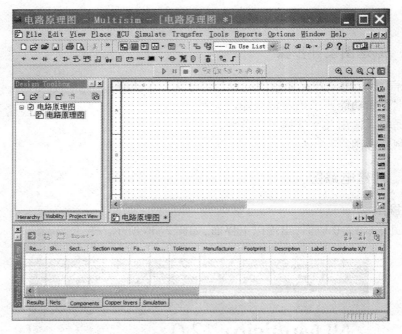

图 2.38　Multisim 12.0 新建工作页窗口示意图

2. 添加元件

打开一个元件库工具栏,单击需要的元件图标按钮(如图 2.39 所示),在主设计电路窗口中适当的位置,再次单击鼠标左键,所需要的元件即可出现在该位置上,如图 2.40 所示。

双击此元件,会出现该元件的对话框(如图 2.41 所示),可以设置元件的标签、编号、数值和模型参数。

3. 元件的移动

选中元件,直接用鼠标拖拽要移动的元件。

4. 元件的复制、删除与旋转

选中元件,用相应的菜单、工具栏或单击鼠标右键弹出快捷菜单,进行需要的操作。

5. 放置电源和接地元件

选择放置信号源按钮可选择电源和接地元件。

6. 导线的操作

(1)连接。鼠标指向某元件的端点,出现小圆点后按下鼠标左键拖拽到另一个元件的端点,出现小圆点后松开左键。

(2)删除。选定该导线,单击鼠标右键,在弹出的快捷菜单中单击"delete"。

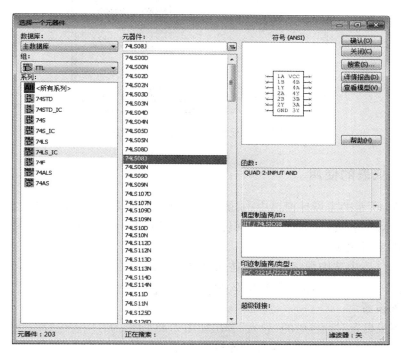

图 2.39 元件库工具栏示意图

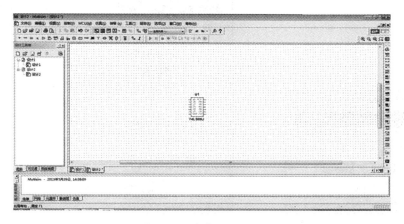

图 2.40 主窗口显示图

图 2.41　元件参数设置窗口示意图

2.3.3　仪表的使用

在图 2.38 所示的主设计窗口中,右侧竖排的为仪表工具栏,常用的仪表有数字万用表、函数发生器、示波器、波特图仪等等,可根据需要选择使用。万用表的选用步骤如下。

1.调用数字万用表

从指示部件库中选中数字万用表,按选择其他元件的方法放置在主电路图中,双击万用表符号,弹出参数设置对话框,如图 2.42 所示。

2.万用表设置

单击万用表设置对话框中的"设置"弹出如图 2.43 所示的万用表设置对话框,进行万用表参数及量程设置。万用表参数及量程设置与其他仪表中使用的同类型万用表类似,不再累述。

图 2.42　万用表表头窗口示意图

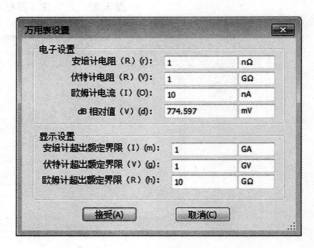

图 2.43　万用表设置窗口示意图

第3章

模拟电子技术课程设计

　　模拟电子技术课程设计的主要任务是，通过解决一两个实际问题，巩固和加深在模拟电子技术基础课程中所学的理论知识和实践技能，基本掌握常用电子电路的一般设计方法，提高对电子电路的设计和实践能力，为以后从事生产和科研工作打下一定的基础。

　　模拟电子技术课程设计的主要内容包括理论设计、仿真、安装与调试方法及写出设计总结报告等。其中理论设计又包括选择总体方案设计、单元电路设计、选择元器件及计算参数等步骤，是课程设计的关键环节。安装与调试是把理论付诸实践的过程，通过安装与调试，进一步完善电路，使之达到课程所要求的性能指标，使理论设计转变为实际产品。课程设计的最后要求写出设计报告，把理论设计的内容、仿真、组装调试的过程及性能指标的测试结果进行全面的总结，把实践内容上升到理论的高度。

3.1　模拟电子线路课程设计方法

3.1.1　模拟电路特点

　　模拟电路的输入信号是连续变化的模拟信号，信号的幅度可以是其变化范围内的任意一个数值。对放大电路来讲，最基本的要求是将输入的模拟信号按比例进行线性放大，放大后的输出信号尽可能和原来输入信号的波形保持一致，不产生失真。

3.1.2　模拟电路设计步骤

　　在确定了总体方案、画出框图之后，便可进行单元电路设计。一般方法和步骤如下。

　　(1)根据设计要求和已选择的总体方案的原理框图，确定对各单元电路的设计要求，必要时应详细拟定主要单元电路的性能指标。应注意各单元电路之间的相互配合，要尽量少用或不用电平转换之类的接口电路，以简化电路结构，降低成本。

　　(2)拟定出各单元电路的要求后，应全面检查，确实无误后方可按一定顺序分别设计各单元电路。

（3）选择单元电路的结构形式。一般情况下，应查阅有关资料，以丰富知识、开阔眼界，从而找到合适的电路。如确实找不到性能指标完全满足要求的电路时，也可选用与设计要求比较接近的电路，然后调整电路参数。

3.1.3　模拟电路设计注意事项

模拟电路主要注意事项如下。

（1）频率意识：寄生参数随频率升高会上升为主要矛盾。

（2）功率意识：极限条件下的散热和安全问题。

（3）干扰意识：噪声无处不在。

（4）速度意识：工作频率不同，等效电路模型也不同。

3.2　模拟电路设计举例

在上一节中，已经对模拟电子技术课程设计的一般方法进行了介绍，本节针对几种主要模拟电路的设计，尤其是集成运算放大器的应用电路设计进行讨论。

3.2.1　直流稳压电源设计

电源是电子电路和电子系统中不可或缺的重要组成部分，目前，集成稳压器已经在电源设备中得到广泛使用，但从成本和实用性来看，用集成运算放大器组成的各种稳压器仍有着广泛的应用，而且两者的基本原理差别不大，从课程设计教学角度看，后者更有利于学生深入掌握其工作原理和培养学生的设计能力。

按照工作方式分，稳压电源通常有连续调整式和开关调整式两大类，而开关稳压电源因具有高效率、输出低压、大电流等优点，得到越来越广泛的应用。

按照输出容量分，有高电压、大电流、低电压和小电流之分，而在大多数稳压电源中，高电压/小电流和低电压/大电流常常同时成对出现。采用集成运算放大器组成的稳压电源，在该方面具有特别灵活多变、适应性广等优点。

1. 设计要点

设计高性能、大电流稳压器时，必须注意以下两点。

①选用足够稳定的基准电压源和取样分压电阻、电位器等。

基准电压源和取样分压电阻、电位器阻值的不稳定会成为输出电压不稳定的主要原因之一。分压电位器尽量串入电阻，必要时采用多圈线绕电位器，使调节更加平滑。

②实际组装时，要安排好流过大电流导线的路径和各器件的位置。

导线无论多短、多粗也总有一定阻值，这种小电阻通过数安以上大电流时，压降会达到数毫伏甚至更大，当叠加在稳压电源的基准电压上时，足以破坏整个稳压器的性能。各种接头、插头、插座和接线柱等也存在阻值，尽管这些阻值在讨论电路原理时没有考虑，但是通过大电流时就不可忽视。实际设计电路结构和组装时，一定要使基准源和相应放大电路部分形成独立回路，不能有大电流通过该回路的导线。

2. 串联反馈型连续调整式稳压电路的设计

该种电路构成的稳压器是目前使用较普遍的一种稳压器,三端式集成稳压电路大都属于此种类型,其原理框图如图 3.1 所示。

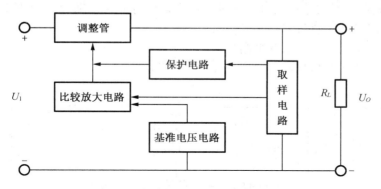

图 3.1　串联反馈型稳压电路原理框图

这种稳压电路主要环节的设计原则简述如下。

（1）调整管

调整管基极受比较放大电路的输出电压控制,通过调整管集电极与发射极之间的压降变化来抵消输出电压的变化。因此,设计时必须保证调整管工作在放大区,以实现其调整作用。同时,因调整管与负载是串联的,流过的电流较大,其参数必须满足负载电流和功率要求,且保证调整管在最不利的情况下,仍能正常工作。

（2）比较放大电路

比较放大电路是把输出电压较小的变化进行放大后去控制调整管,以达到稳定输出电压的目的。比较放大电路的增益越高,对调整管的控制作用越灵敏,输出电压越稳定。因此,要提高输出电压的稳定性,关键在于提高比较放大电路的增益。同时,还要考虑提高电路的温度稳定性,所以常选用差动放大器或结成运算放大器构成比较放大电路。

（3）基准电压电路

基准电压一般由稳压管提供的稳定直流电压,作为比较放大电路的基准,因此要尽量稳定。为保证基准电压恒定,稳压管必须工作在稳压区,要选择合适的限流电阻 R 保证:稳压管工作电流最大时,小于其允许电流 I_{Zmax};工作电流最小时,大于其最小稳定工作电流 I_{Zmin}。为了减小温度变化的影响,尽量选用具有零温度系数的稳压管,或具有温度补偿的稳压管。

（4）取样电路

取样电路是由取样电阻串接而成的电阻分压器。取样电阻应选用材料相同、温度系数较小的金属膜电阻,因其温度性能好。取样值应考虑基准电压,保证比较放大电路工作在放大区。为使输出电压可调,在分压电阻之间串接电位器。根据给定的电压调节范围,可定出各电阻的取值。

此外,还需设计相应的过流、过压和过热保护电路,保证电路正常工作而不被损坏。

3. 开关稳压电源的设计

开关稳压电源的突出优点是,工作效率高,可达 70% 以上,广泛应用于计算机、电视机等电源中。开关稳压电源的设计要点如下。

①根据要求确定电源的型式,即降压型、升压型或反极性型。

②选用合适的脉冲调宽或调频振荡电路,以及基准电压源和电平比较电路。电平比较器、振荡器、脉宽调制器和误差信号放大器可由集成运算放大器组成。电感要用足够粗的导线绕制,开关元器件要用导通电阻小、压降小、开关时间短的高速、大电流器件,使其适用于开关频率在 20 kHz 以上超音频开关工作。

③计算出电路元件的数值及电路参数。

实用的 5 V/2 A 降压型开关稳压电源如图 3.2 所示。

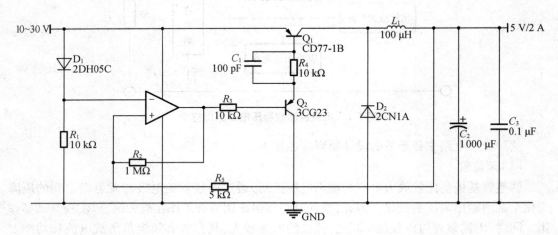

图 3.2　5 V/2 A 降压型开关稳压电源电路图

该电路为高速运算放大器 5G28 与晶体管开关组成的自激式开关稳压电源,运算放大器在此既作为电压比较器、放大器用,又作为振荡器的主要器件。基准电压电路采用恒流二极管 2DH05C,可获得恒定的 5 V 基准电压。该稳压电路常用于将 CMOS,PMOS,HTL 以及运放电源变换成 TTL 或 ECL 用的 5 V 电源。

3.2.2　放大电路设计

放大电路的设计包括交流放大电路和直流放大电路的设计。随着电子技术的迅速发展,性能优良的集成电路产品不断涌现,给电子系统和装置的设计带来了极大的方便。但是,从课程设计教学的角度出发,以培养学生的基本技能入手,熟悉和掌握分立元件的设计方法,仍有必要性。下面分别介绍分立元件放大电路设计的一般原则和用集成运放组成放大电路的主要方法。

1. 分立元件阻容耦合多级放大电路设计的一般原则

多级放大电路通常包括输入级、中间级和输出级。

(1)输入级

如果信号源不允许取较大电流,则放大电路的输入电阻太低会影响信号源的正常工作,因此,第一级采用具有高输入阻抗的射极输出电路或者场效应管放大电路。如果信号源内阻较大,但取电流并不影响其正常工作,则第一级可用射极输出电路或者共发射极放大电路,可根据具体电路要求及参数选定。

（2）中间级

中间级的主要作用是提高增益,通常采用电压放大倍数高的共发射极放大电路,或用共射－共基、共射－共集组态电路等。

（3）输出级

输出级的主要目的是让负载得到足够大的信号功率,电路形式同负载有关。负载电阻较小时,可采用射极输出电路或互补对称电路。负载电阻较大时,可采用共发射极放大电路或共基极放大电路。

（4）放大电路级数的确定

主要根据总的放大倍数来确定放大电路的级数,多级放大电路的放大倍数等于各级放大倍数的乘积。在确定级数时,不能单纯追求每一级的放大倍数高而减少级数,而应全面考虑放大电路的各项指标性能。例如,为了改善放大电路的性能,必须引入交流负反馈,势必使放大倍数下降。故设计时对放大电路的放大倍数应留有充分的余地。

（5）静态工作点的设置

由于采用阻容耦合方式,各级静态工作点相互独立,故仍与单级放大电路的静态工作点的设置方法相同。对前置放大级,为保证放大信号不失真和高的放大倍数,工作点设置于特性曲线的线性部分,输出级应在保证不失真情况下,输出功率尽可能大,同时应考虑最小静态功耗。

（6）计算电路元件参数

合理选取元器件偏置电阻、管子的放大倍数、耦合电容及旁路电容等,这些元件参数的选取可参考模拟电子技术教材,这里不再赘述。

（7）测量和调整

最后用仪器对设计组装的电路进行测量和调整,使之合乎设计要求。

2. 采用集成运算放大器设计基本放大电路

（1）采用集成运算器放大器的主要优点

电路设计简化,组装调试方便,只需适当选配外接元件,便可实现输入、输出的各种放大关系。由于运放的开环增益都很高,用其构成的放大电路一般工作在深度负反馈的闭环状态,性能稳定,非线性失真小。运放的输入阻抗高,失调和漂移都很小,故很适合于微弱信号的放大。又因其具有很高的共模抑制比,对温度的变化、电源的波动以及其他外界干扰都有很强的抑制能力。由运放构成的放大单元功耗低、体积小、寿命长,使整机使用的元器件数大大减少,成本降低,工作可靠性大为提高。

用运算放大器组成的放大电路,按电路形式可分为反相放大器、同相放大器和差动放大器三种。按输入信号性质这种放大电路又可分为直流放大器和交流放大器两种。由于运放的开环带宽一般较窄,故目前在高频领域的应用还受到一定限制。下面分别介绍几种典型的放大电路。

（2）反相比例放大电路的特点和设计要求

由运放组成的反相输入比例放大电路如图 3.3 所示。

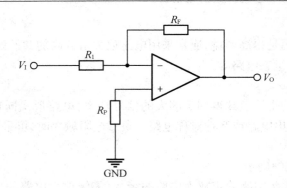

图 3.3 反相比例放大电路图

在理想条件下,该电路的主要闭环特性如表 3.1 所示。

表 3.1 反相比例放大电路特性

主要闭环特性	理想运放	实际运放
闭环增益	$A_{VF} = -R_F/R_1$	$A_{VF} = \dfrac{-R_F/R_1}{1 + 1/(KA_{V_O})}$
输入电阻	$R_I = R_1$	$R_I = R_1 + R_{ID}//\dfrac{R_F}{1 + A_{V_O}}$
输出电阻	$R_{OC} = 0$	$R_{OC} = \dfrac{R_O}{1 + KA_{V_O}}$

表中 $K = R_1/(R_1 + R_F)$,利用上表可计算出运算误差。该表说明,由运放组成的反相输入比例放大电路具有如下重要特性:

①在深度负反馈情况下工作时,电路的放大倍数仅由外接电阻 R_F 和 R_1 的值确定;

②因同相端接地,则反相端电位为"虚地",因此,对前级信号源而言,其负载不是运放本身的输入电阻,而是电路的闭环输入电阻 R_1;

③运放的输出电阻也由于深度负反馈而大为减小。由于 $R_I = R_1$ 这一特点,反相比例放大电路只宜用于信号源对负载电阻要求不高的场合(一般小于 500 kΩ)。

在设计反相比例放大电路时,要从多种因素来选择运放参数。例如,在放大直流信号时,应着重考虑影响运放精度和漂移的因素,为提高运放精度,运放的开环增益 A_{V_O} 和输入差模电阻 R_{ID} 要大,而输出电阻 R_O 宜小。为减小漂移,运放的输入失调电压 U_{IO}、输入失调电流 I_{IO} 和基极偏置电流 I_{IB} 要小。这些因素随温度的变化在运放输出端引起的总误差电压最大可为

$$\Delta V_O = \pm \frac{R_1 + R_F}{R_1}\left(\frac{\mathrm{d}V_{IO}}{\mathrm{d}T}\Delta T\right) \pm R_F\left(\frac{\mathrm{d}I_{IO}}{\mathrm{d}T}\Delta T\right) + R_F\left(\frac{\mathrm{d}I_{IB}}{\mathrm{d}T}\Delta T\right) \qquad (3-1)$$

如放大直流微弱信号,还要考虑噪声的影响,要求运放的等效输入噪声电压 V_N 和噪声电流 I_N 要小,运放输出的总噪声电压为

$$V_{ON} = \left[V_N^2(1 + R_F/R_1)^2 + I_N^2 R_F^2\right]^{1/2} \qquad (3-2)$$

如放大交流信号,则要求运放有足够的带宽,即要求运放的信号带宽大于信号的频率。

若运放手册已给出开环带宽指标 BW_0，则闭环后的电路的带宽将被展宽。对单级运放可用下式计算，即

$$BW_C = BW_0 \cdot A_{V_0}(R_1/R_F) \qquad (3-3)$$

外接电阻阻值的选择，对放大电路的性能有着重要影响。通常有两种计算方法。一种是从减小漂移、噪声，增大带宽考虑，在信号源的负载能力允许条件下，首先尽可能选择较小的 R_1，然后按闭环增益要求计算 R_F，而取 $R_P = R_1//R_F$，以消除基极偏置电流引起的失调。另一种计算方法是从减小增益误差着手，首先利用式（3-4）算得 R_F 的数值，再按闭环增益要求计算 R_1。

$$R_F(最佳) = [R_{ID} \cdot R_0/(2K)]^{1/2} \qquad (3-4)$$

（3）同相比例放大电路的特性和设计要点

由上述可知，反相比例放大电路的输入阻抗不太大，为克服这一缺点，可采用同相输入比例放大电路，如图 3.4 所示电路。

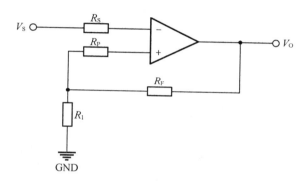

图 3.4　同相比例放大电路图

图 3.4 中，R_S 为信号源内阻，R_P 为消除基极偏置电流对输出失调影响的平衡电阻，$R_P = R_S - R_1//R_F$，若算得是负值，则将 R_P 改为与 R_S 串联，并满足 $R_P + R_S = R_1//R_F$。同相比例放大电路的闭环特性如表 3.2 所示。

表 3.2　同相比例放大电路的特性

主要闭环特性	理想运放	实际运放
闭环增益	$A_{VF} = 1 + R_F/R_1$	$A_{VF} = \dfrac{1 + R_F/R_1}{1 + 1/(KA_{V_0})}$
输入电阻	$R_I = \infty$	$R_I = R_S + R_{ID}(1 + KA_{V_0})$
输出电阻	$R_{OC} = 0$	$R_{OC} = \dfrac{R_0}{1 + KA_{V_0}}$

由表 3.2 可知，同相比例放大电路的最大优点是输入电阻高。由于同相比例放大电路的反相输入端不是"虚地"，其电位随同相端的信号电压变化，使运放承受着一个共模输入电压，信号源的幅度受到限制，不可超过共模电压范围，否则将带来很大误差，甚至不能正常工作。

设计同相比例放大电路时，对运放的选择除反相比例放大电路提出的要求外，还特别要

求运放的共模抑制比 K_{CMR} 高,否则输入端将引入 $u_{\mathrm{ICM}}/K_{\mathrm{CMR}}$ 的误差电压(u_{ICM} 为输入共模电压)。比例电阻的计算,一般应先计算最佳反馈电阻 R_{F},其值为

$$R_{\mathrm{F}}(最佳) = \sqrt{\frac{(A_{\mathrm{VF}} - 1)R_{\mathrm{O}}R_{\mathrm{ID}}}{2}} \qquad (3-5)$$

然后按闭环增益的要求确定 R_1 的数值。

(4)差动输入比例放大电路的特点和设计要点

简单的差动输入比例放大电路如图 3.5 所示。

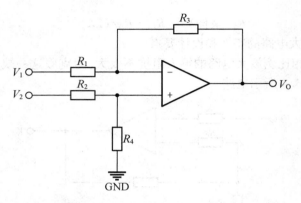

图 3.5 差动输入比例放大电路图

图 3.5 中,运放输入的差模电压 $u_{\mathrm{ID}} = u_2 - u_1$,共模电压 $u_{\mathrm{IC}} = \frac{1}{2}(u_2 + u_1)$。在元件匹配的情况下,即 $R_1 = R_2$,$R_3 = R_4$ 时,理想的闭环增益为

$$A_{\mathrm{VF}} = \frac{u_{\mathrm{O}}}{u_{\mathrm{ID}}} = \frac{R_3}{R_1} \qquad (3-6)$$

信号源内阻包括在 R_1 及 R_2 中。

单运放差动放大电路常用于运算精度要求不高的场合,为提高性能,常采用双运放或多运放组合的差动放大电路。

3.2.3　信号产生电路设计

在测量、自动控制、计算机技术、无线电通信和遥控、遥测等技术领域中,广泛用到各种各样的波形产生器。最常见的波形发生电路是正弦波发生器(正弦波振荡器)和矩形波发生器(多谐振荡器)两大类,并且经过适当的波形变换后,可得到多种不同波形输出。下面主要以模拟集成电路为核心元件组成的振荡电路进行讨论。

1. 振荡器设计的要点

(1)合理选择有源器件

从原理上讲,凡具有放大能力的集成器件或三极管都可用来组成振荡器,目前已有按照振荡器工作特点设计的集成电路供选择。例如,用集成多功能振荡器 5G8038 能输出低频正弦波、方波、三角波信号,用集成定时器 555/556 能灵活地组成数百至数千赫兹以内的多谐振荡器等。用上述集成器件组成的波形产生电路具有电路简单、调试方便、性能优良等一

系列优点,在相应的频率范围内,可优先选用此类器件。

选用具有放大能力的集成器件时,首先应考虑器件的工作频率范围。为了满足振荡器的起振条件,放大器的单位增益带宽 BWG 至少应比振荡频率 f_0 大 $1 \sim 2$ 倍。为保证振荡器有足够高的频率稳定度,一般取 3 dB 带宽 $f_H > f_0$(集成宽带放大器),因此,f_0 在几百至几千赫以下时,可选用集成运放、比较器和集成功放等,f_0 在兆赫兹以上时,可选用集成宽带放大器、射频/中频放大器、双差分放大器等。其次,应考虑器件的最大输出电压幅度和负载特性能否满足要求。当振荡器要求低噪声性能时,应选用噪声系数小的器件。

(2)确定振荡器电路的形式

选取电路形式,首先应考虑振荡器的工作频段和对频率稳定度的要求。通常低频段选用 RC 振荡器,高频段选用 LC 振荡器,频率稳定度有所要求时,选用电容三点式振荡电路。在多谐振荡器中,给定时电容充、放电的电路要采用稳定性能好的电路。频率稳定度要求较高时,选用石英晶体振荡器。其次,要从波形的种类和精度两方面考虑,当组成正弦波振荡器时,选用文氏桥振荡器易组成稳幅电路,从而保证有良好的输出波形。而当器件增益较高时,文氏桥晶体振荡器有较高的相位梯度,对频率稳定有益。同时还需考虑负载与振荡器的隔离问题,除 E1648,F733,555 等器件内有性能优良的隔离电路外,还要设计缓冲级。另外,还要考虑电路调试是否方便。

(3)确定元件参数值

设计各类集成器件的输入偏置电路时,应根据不同的具体器件进行设置。当选用的是双电源器件,而振荡器电路采用的是单电源时,输入端还需设置一定的偏置电压。元件参数的数值是决定振荡器振荡频率的关键,可根据实际电路类型按公式进行计算。

在设计正弦波振荡器时,还要考虑反馈系数 F 的大小,对由集成器件组成的振荡器,反馈系数与器件增益的乘积应大于 1,但又不能过大。对文氏桥振荡器,则应使正、负两个反馈支路构成的总反馈系数与增益的乘积略大于 1。

2. 振荡器实例

文氏电桥正弦波发生器是一种常用的 RC 振荡器,用来产生低频正弦波信号,应用非常广泛。采用运算放大器和文氏电桥反馈网络组成的基本振荡电路如图 3.6 所示。

图 3.6 中,运放 A、R_F 和 R_f 组成电压串联负反馈放大器,RC 串－并联(文氏电桥)电路为具有选频特性的正反馈网络。该电路的振荡频率和参数关系为

$$\begin{cases} f_0 = \dfrac{1}{2\pi}\sqrt{\dfrac{1}{R_1 R_2 C_1 C_2}} \\ C_1/C_2 + R_2/R_1 = R_F/R_f \end{cases} \qquad (3-7)$$

当 $R_1 = R_2 = R$,$C_1 = C_2 = C$ 时,$f_0 = 1/(2\pi RC)$,$R_F = 2R_f$。

实际上运算放大器的开环放大倍数是有限的,为了满足幅值条件使电路易于起振,应使 R_F 略大于 $2R_f$。

从理论上讲,满足振荡条件后,振荡幅值可固定在任意值上,但由于元件公差、环境温度等条件变化,振荡条件会被破坏,使振荡器停振或产生波形失真。因此,须在上述基本电路基础上增加稳幅电路。

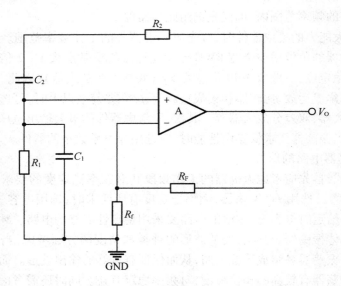

图 3.6　文氏电桥正弦波振荡器基本电路图

3.2.4　有源滤波电路设计

滤波器在通信、测量和控制系统中得到了广泛的应用。一个理想的滤波器,应在要求的频带内具有均匀而稳定的增益,而在通带之外,则具有无穷大的衰减。然而,实际的滤波器较之有一定的差异。为此,人们采用各种函数来逼近理想滤波器的频率特性。

用运算放大器和 RC 网络组成的有源滤波器,具有许多独特的优点。因为不用电感元件,所以避免了电感所固有的非线性特性、磁场屏蔽、损耗、体积和质量过大等缺点。由于运算放大器的增益和输入电阻高、输出电阻小,所以能提供一定的信号增益和缓冲作用。这种滤波器的频率范围约为 $10^{-3} \sim 10^6$ Hz,频率稳定度可做到 $(10^{-5} \sim 10^{-3})/℃$,频率精度为 $\pm(3\% \sim 5\%)$,并可用简单的级联来得到高阶滤波器,且调谐也很方便。

滤波器的设计任务是根据给定的技术指标,选定电路形式和确定电路的元器件。滤波器的技术指标有通带和阻带之分,通带指标有通带的边界频率、通带传输系数。阻带指标通常提出对带外传输系数的衰减速度。下面简要地介绍设计中的考虑原则。

1. 滤波器类型的选择

一阶滤波器电路最简单,但带外传输系数衰减慢,一般是在对带外衰减特性要求不高的场合下选用。

无限增益多环反馈型滤波器的特性对参数变化比较敏感,在这一点上它不如压控电压源型二阶滤波器。

当要求带通滤波器的通带较宽时,可用低通滤波器和高通滤波器合成,这比单纯用带通滤波器要好。

2. 级数选择

滤波器的级数主要根据对带外衰减特性的要求来确定。每一阶低通或高通电路可获得 −6 dB/倍频的衰减,每二阶低通或高通电路可获得 −12 dB/倍频的衰减。多级滤波器串接时,传输函数总特性的阶数等于各级阶数之和。当要求带外衰减特性为 $-m$ dB/倍频时,则所取级数 n 应满足 $n \geqslant m/6$。

3. 对运放的要求

在无特殊要求的情况下,可选用通用型运算放大器。为了获得足够深的反馈,以保证所需滤波特性,运放的开环增益应在 80 dB 以上。对运放频率特性的要求,由其工作频率的上限确定,设工作频率的上限为 f_{H},则运放的单位增益频率应满足下式

$$BW_{\mathrm{G}} \geqslant (3 \sim 5) A_{\mathrm{F}} f_{\mathrm{H}} \tag{3-8}$$

式中,A_{F} 为滤波器通带的传输系数。

如果滤波器的输入信号较小,例如在 10 mV 以下,以选用低漂移运放为宜。如果滤波器工作于超低频,使 RC 网络中电阻元件的值超过 100 kΩ 时,则应选用低漂移、高输入阻抗的运放。

4. 传输函数中参数的确定与元件的选择

对一阶滤波器,其特性由通带传输系数和截止频率确定。至于二阶滤波器,对高通和低通滤波器,其特性由通带传输系数、自然频率 ω_n 和阻尼系数 α 决定。对带通和带阻滤波器,其特性则是由通带传输系数、中心频率 ω_0 和品质因数 Q 决定。通常是根据技术指标的要求确定这些参数,然后再由这些参数计算电路的元件值。

在设计时,经常出现待确定其值的元件数目多于限制元件取值的参数的数目。例如,压控电压源型滤波器待确定其值的元件有六个,而限制元件取值的参数只有三个,即通带传输系数、自然频率、阻尼系数。因此,有许多个元件组可满足给定特性的要求,这就需要设计者自行选定某些元件值。一般从选定电容器入手,因为电容标称值的分挡数较少,电容难配,而电阻易配。可根据工作频率范围按照表 3.3 初选电容值。

表 3.3　滤波器工作频率与电容取值的对应关系

f	< 100 Hz	100 ~ 1 000 Hz	1 kHz ~ 10 kHz	10 kHz ~ 100 kHz	> 100 kHz
$C/\mu\mathrm{F}$	10 ~ 0.1	0.1 ~ 0.01	0.01 ~ 0.001	$(1\ 000 \sim 100) \times 10^{-6}$	$(100 \sim 10) \times 10^{-6}$

表 3.3 中所标的频率,对低通滤波器,指的是上限频率;对高通滤波器,指的是下限频率;对带通和带阻滤波器,指的是中心频率。

二阶无限增益多路反馈型有源滤波器如图 3.7 所示。

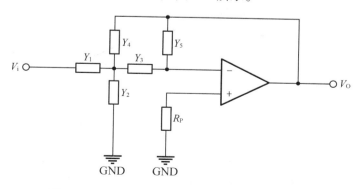

图 3.7　二阶无限增益多路反馈型有源滤波电路图

表 3.4 列出了图 3.7 电路在低通、高通、带通三种情况下 RC 网络的组合、传输函数及有关意义。

表 3.4　二阶无限增益多路反馈滤波器 RC 元件组合及传输函数

参数 ＼ 类型		低通	高通	带通
RC 元件组合	Y_1	$1/R_1$	sC_1	$1/R_1$
	Y_2	sC_2	$1/R_2$	$1/R_2$
	Y_3	$1/R_3$	sC_3	sC_3
	Y_4	$1/R_4$	sC_4	sC_4
	Y_5	sC_5	$1/R_5$	$1/R_5$
传输函数		$\dfrac{A_F(0)}{s^2/\omega_n^2 + 2\alpha s/\omega_n + 1}$	$\dfrac{A_F(\infty)s^2}{s^2 + 2\alpha\omega_n s + \omega_n^2}$	$\dfrac{A_{FO}/(Q\omega_0)}{\dfrac{s^2}{\omega_0^2} + \dfrac{s}{2\omega_0} + 1}$
传输函数中参数与电路中元件的关系		$A_F(0) = -R_4/R_1$ $\omega_n = \dfrac{1}{\sqrt{R_3 R_4 C_2 C_5}}$ $\alpha = \dfrac{1}{2}\sqrt{C_5/C_2}\cdot$ $\left(\sqrt{\dfrac{R_3}{R_4}} + \sqrt{\dfrac{R_4}{R_3}} + \sqrt{\dfrac{R_3 R_4}{R_1}}\right)$	$A_F(\infty) = -C_1/C_4$ $\omega_n = \dfrac{1}{\sqrt{C_3 C_4 R_2 R_5}}$ $\alpha = \dfrac{1}{2}\sqrt{R_2/R_5}\cdot$ $\left(\dfrac{1}{\sqrt{C_3 C_4}} + \sqrt{\dfrac{C_3}{C_4}} + \sqrt{\dfrac{C_4}{C_3}}\right)$	$A_{FO} = \dfrac{1}{\dfrac{R_1}{R_5}\left(1 + \dfrac{C_4}{C_1}\right)}$ $\omega_0 = \sqrt{\dfrac{1}{C_3 C_4 R_5}\left(\dfrac{1}{R_1} + \dfrac{1}{R_2}\right)}$ $Q = \dfrac{\sqrt{R_5\left(\dfrac{1}{R_1} + \dfrac{1}{R_2}\right)}}{\dfrac{(C_3 + C_4)}{\sqrt{C_3 C_4}}}$

图 3.8 为压控电压源型有源滤波器。从放大器同相输入端至输出端的闭环放大倍数为

$$K_f = 1 + R_{f_1}/R_{f_2} \qquad\qquad (3-9)$$

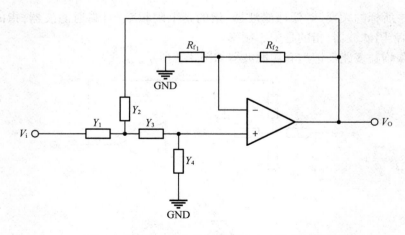

图 3.8　二阶压控电压源型有源滤波器电路图

电路的传输系数为

$$A_F(s) = \frac{K_f Y_1 Y_3}{(Y_1 + Y_2 + Y_3)Y_4 + [Y_1 + (1 - K_f)Y_2]Y_3} \qquad (3-10)$$

3.3　实用单元电路

3.3.1　电源电路

1.1.5～32 V,0～3 A 实用稳压电源

电路如图 3.9 所示,图中三端稳压器 W350 输出电压、电流范围大,且有过流、过热、短路等保护措施,输出电压由电位器 R_W 调节。在 W350 的输入端前加入预稳电路,将 W350 的输入电压和输出电压进行比较后触发可控硅,使其处于开关状态而起到预稳作用。该电路的预稳支路不需要变压器辅助绕组,从而体积小。由于加了预稳电路,W350 的压降维持在 4.5 V 左右,故只需选 15 W 散热器。

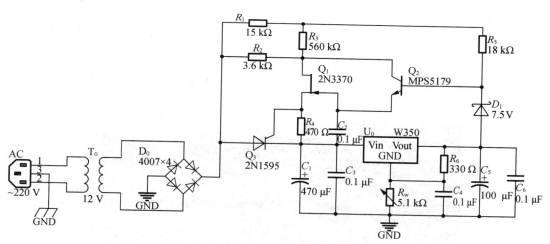

图 3.9　1.5～32 V,0～3 A 实用稳压电源电路图

该电路简单易调,工作稳定可靠,性能好,电压电流调整率达 10^{-3},纹波电压小于 10 mV。它的 Multisim 仿真电路如图 3.10 所示,由于 Multisim 12.0 库中没有 W350,因此用 LM7809 来代替,其仿真波形如图 3.11 所示。

2. 实用的直流不间断稳压电源

目前广泛使用的单板机、单片机和编程控制器常需配备不间断电源,因为在使用过程中,一旦发生断电等异常现象,在 RAM 中的信息就会丢失,使之无法继续工作。图 3.12 所示电路是一种结构简单、造价低廉、性能可靠、供电时间长、无转换时间和逆变过程的微机断电保护直流不间断电源。

该电路由变压、整流、滤波、蓄电池充放电控制及稳压、滤波部分构成。蓄能部件是镉镍蓄电池组,在充放电控制电路中,稳压二极管 D_Z 的稳压值决定了蓄电池组充电的上限电压,三极管的基极电流随着蓄电池的端电压 V_{DC} 的变化而变化。无论是交流供电还是蓄电池供电,集成稳压块的调整保证输出电压保持不变。

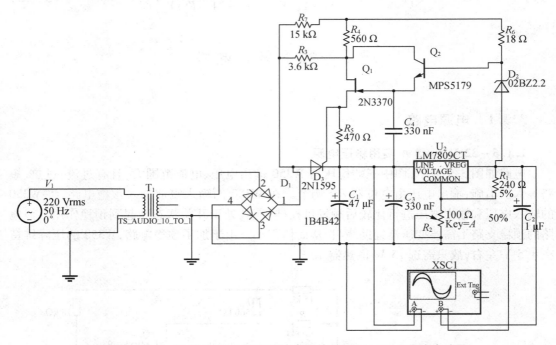

图 3.10 1.5～32 V,0～3 A 实用稳压电源的 Multisim 12.0 仿真电路图

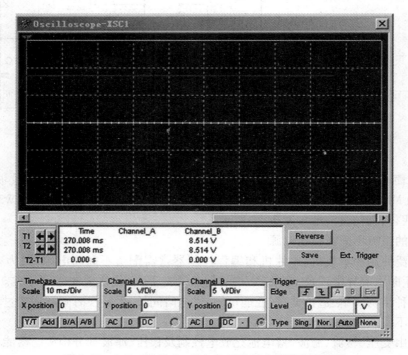

图 3.11 1.5～32 V,0～3 A 实用稳压电源输出仿真图

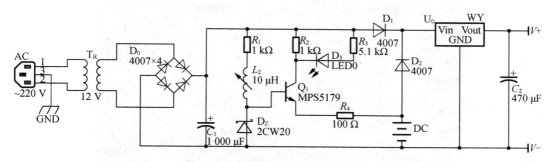

图 3.12　一种实用的不间断电源电路图

当交流供电正常时,D_1 导通,D_2 截止,经 WY 稳压和 C_2 滤波,输出稳定的直流电压供给负载,同时蓄电池组 DC 被充电。当交流断电时,D_2 导通,D_1 截止,DC 经 WY 和 C_2 输出稳定的直流电压,维持负载正常不间断工作。

该电路输出电压为 5 V,输出电流可达 3 A,在 DC 放电情况下,输出电流 1 A 可维持一小时。电路中 T_R 选用220 V/17 A,50 W 的变压器。它的 Multisim 12.0 仿真电路如图 3.13 所示,其仿真波形如图 3.14 所示。

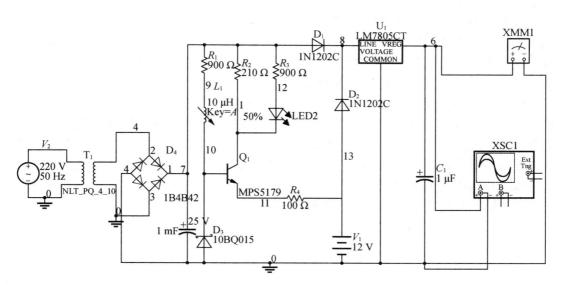

图 3.13　一种实用的不间断电源 Multisim 12.0 电路图

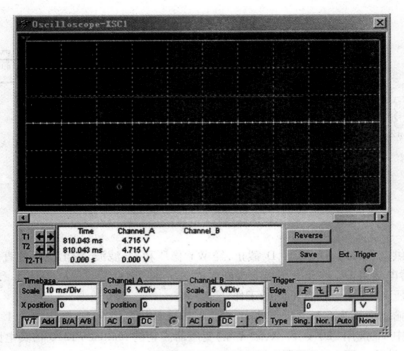

图 3.14　一种实用的不间断电源输出仿真图

3. 简单实用的开关稳压电源

图 3.15 所示电路构成的开关稳压电源,电路简单,功耗小,效率高。当接通电源后,Q_1 饱和导通,稳压管 D_z 工作,Q_2 集电极电流迅速增加,C_1 充电,当 C_1 上电压升高到 Q_4 的峰点电压后,Q_4 导通,C_1 放电,Q_3 饱和导通,使 Q_1 截止。C_1 放电到谷点电压时,Q_4、Q_3 截止,Q_1 又恢复导通,进入下一个周期。Q_1 导通时间与 Q_2 的集电极电流 I_{C2} 成反比,也就是与输出电压 V_0 成反比,从而使输出电压保持恒定。图中电感 L 起储能与滤波作用,D_1 是续流二极管。Q_2、Q_5 组成取样放大电路,调节电位器 R_W 可改变输出电压值。Q_6 为过流保护管,在正常情况下,Q_6 处于截止状态,当输出电流超过额定电流一定值时,R_6 两端压降增加,可使 Q_6 由截止变导通,迅速向 C_1 充电。当 C_1 上的电压达到 Q_4 的峰值点电压时产生脉冲电流,Q_3 导通,Q_1 截止,使输出电流限制在 Q_6 管将要导通时的电流值附近。它的 Multisim 12.0 仿真电路如图 3.16 所示,其仿真波形如图 3.17 所示。

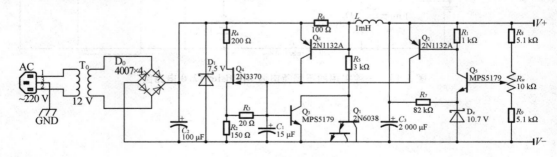

图 3.15　简单实用的开关稳压电源电路图

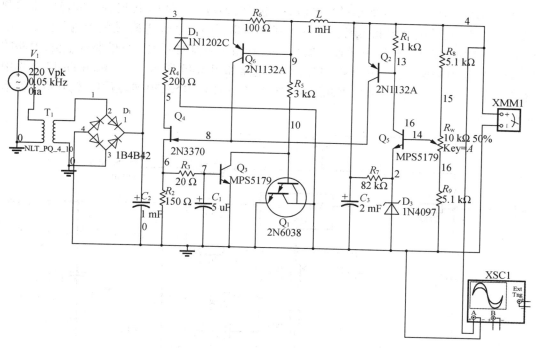

图 3.16　简单实用的开关稳压电源 Multisim 12.0 电路图

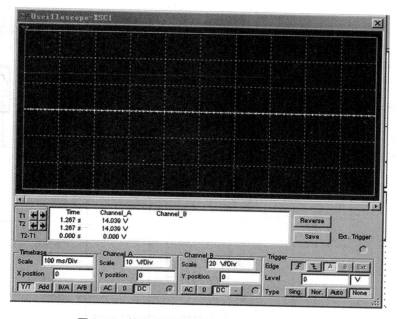

图 3.17　简单实用的开关稳压电源输出仿真图

4. 三端可调式正集成稳压器 W317 组成的开关稳压电源

在图 3.18 所示电路中,W317 为三端可调式正集成稳压器。PNP 管 3AX63 和 NPN 管

3DD6 组成复合管,作开关用。正反馈信号通过电阻 R_7 加到 W317 上,当开关管工作在开关状态时,在 R_7 上产生一个小幅值的矩形波,该矩形波通过 R_W 和 C_2 传递到集成稳压器的调整端,引起该稳压器的开启和关闭。另外,从输出端取得的信号通过 R_3 使整个电路振荡。电容 C_3 决定开关速度,C_3 增大,开关速度加快。R_3 的值可限制对开关元件的驱动电流,电路的工作频率约为 30 kHz。它的 Multisim 12.0 仿真电路如图 3.19 所示,由于 Multisim 12.0 库中没有 W317,3AX63,3DD6 等器件,因此用 MC7809,2N1132A,MPS5179 等器件代替,其仿真波形如图 3.20 所示。

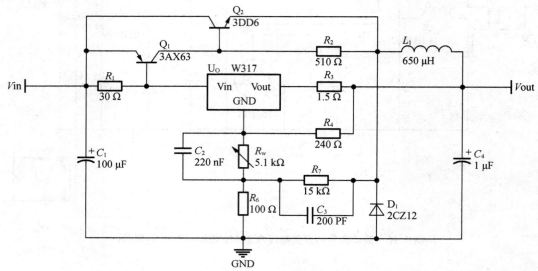

图 3.18 三端可调式正集成稳压器 W317 组成的开关稳压电源电路图

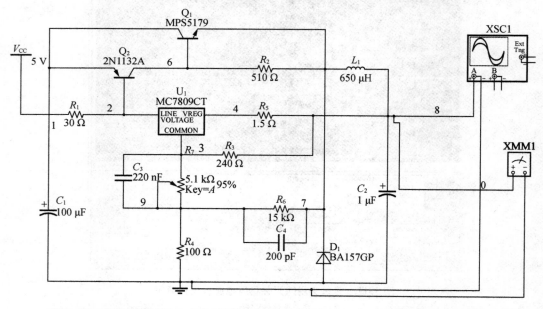

图 3.19 三端可调式正集成稳压器 W317 组成的开关稳压电源 Multisim 12.0 电路图

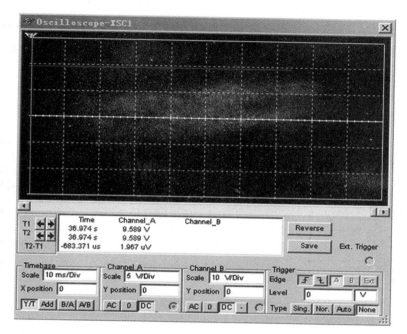

图 3.20　三端可调式正集成稳压器 W317 组成的开关稳压电源输出仿真图

5. 具有限流过载保护的 3 A/5 V 稳压电源

用晶体管对三端稳压器进行扩流时,负载短路保护应予以重视,因为短路时的功耗是相当高的。加装限流过载保护电路,可在输出负载短路时使输出电压只有 0.5 V,电流被大大减少,从而保证电路安全,电路如图 3.21 所示。

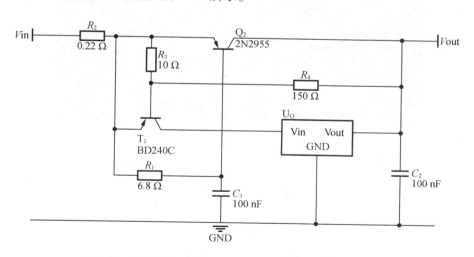

图 3.21　具有限流过载保护的 3 A/5 V 稳压电源电路图

这种稳压电源需要的原件很少,晶体管 Q_1 起限流作用,一旦 $R_2 + R_3$ 上的电压超过 Q_1 的导通电压(0.6 ~ 0.7 V), Q_1 就立即导通, Q_2 的基极电流被有效地减少到零。这种稳压器除自身的稳压作用外,还具有一定的热保护作用,并且在任何元件烧毁之前都可以很好地限制输出电流。保护电路工作时的电压等于 R_2 和 R_3 上的电压之和。电阻 R_3 和 R_4 对 Q_2 形成一个分压器,Q_2 的功耗与集电极－发射极电压成正比,因此它被用来控制电流。这样,稳压特性就是输入电压的一个函数。它的 Multisim 仿真电路如图 3.22 所示,其仿真波形如图 3.23 所示。

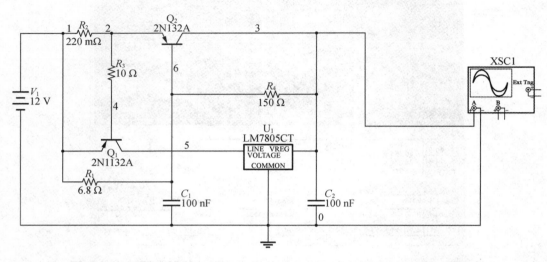

图 3.22 具有限流过载保护的 3 A/5 V 稳压电源 Multisim 12.0 电路图

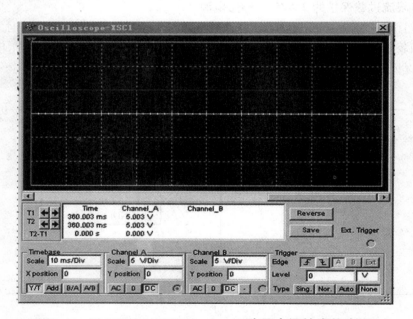

图 3.23 具有限流过载保护的 3 A/5 V 稳压电源输出仿真图

6. 低压差稳压电源

用 3 V 系统的线性稳压器必须具有极小的电压降。如图 3.24 所示电路很适合这种场合,当其负载电流为 100 mA 时,其压降的典型值为 130 mA。在电路中使用了压降较低的场效应管 Q_1,如果用几个场效应管并联起来,还可以得到较大的负载电流,或更小的电压降。

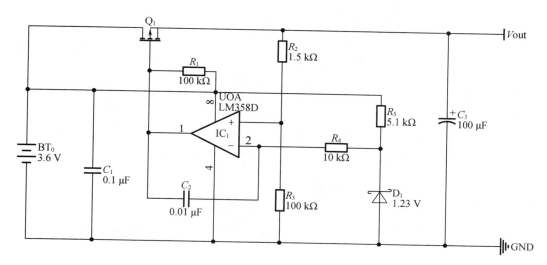

图 3.24　低压差稳压电源电路图

此电路使用 IC_1 作为误差放大器,并由微功率参考电压源 D_1 提供 1.23 V 的基准电压,输出电压由 R_2、R_3 的分压来决定。R_2 由下式得出:$R_2 = (R_3 V_{out}/1.23) - R_3$,当 R_3 为 100 kΩ 时,R_2 的取值与输出电压的关系如表 3.5 所示。

表 3.5　R_2 与输出电压的关系

$R_2/kΩ$	输出电压/V	$R_2/kΩ$	输出电压/V
19	3.3	154	3.1
12	3.2	143	3.0

C_2、C_3 和 R_4 可减小带宽,并保持环路的稳定。LM358 放大器具有足够的共模范围,而且输出将下拉为对地 60 mV 以内,以便使 Q_1 得到最大的栅极驱动电压。在选用场效应管时,也应选择栅极电压在 3 V 就可导通的,许多场效应管标出的 R_{DS} 将会增大。表 3.6 列出了各种条件下的压降,表中值是负载电阻为 31 Ω,环境温度为 22 ℃ 时测得的。它的 Multisim 12.0 仿真电路如图 3.25 所示,其仿真波形如图 3.26 所示。

表 3.6　各种条件下的压降

输出电压/V	最低输入电压/V	Q_1 上的压降/mV
3.400	3.523	123
3.300	3.424	124
3.200	3.328	128
3.200	3.228	128
3.000	3.133	133
2.900	3.04	14

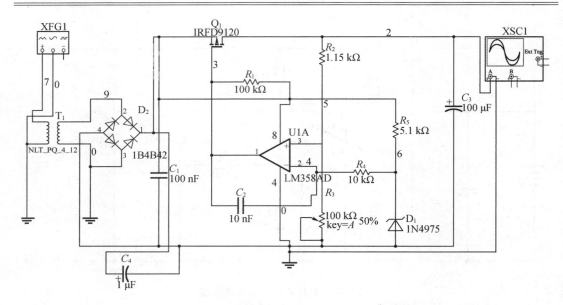

图 3.25　低压差稳压电源 Multisim 12.0 电路图

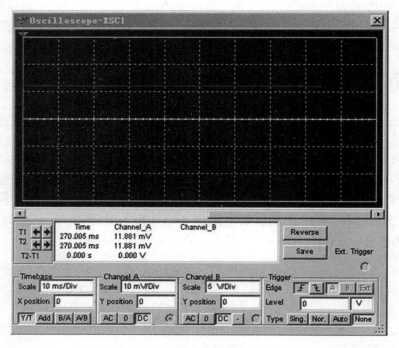

图 3.26　低压差稳压电源输出仿真图

7.低温度系数可调稳压电源

利用集成稳压器 LM317 和 2.5 V 基准电压 LM336 可以组成低温度系数可调稳压电源，如图 3.27 所示。本电路最小输出电压为 3.25 V，调整电阻 R_3 可以改变输出电压。先将 R_3 调至零位，再调 10 kΩ 电位器 P_1，使 LM317 的 ADJ 端为 4.90 V，可得到最小温度系数。它的 Multisim 12.0 仿真电路如图 3.28 所示,其仿真波形如图 3.29 所示。

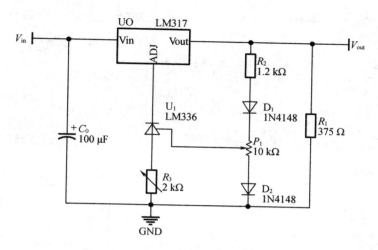

图 3.27　低温度系数可调稳压电源电路图

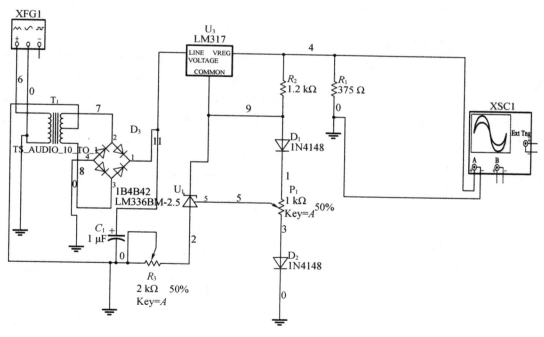

图 3.28　低温度系数可调稳压电源 Multisim 12.0 电路图

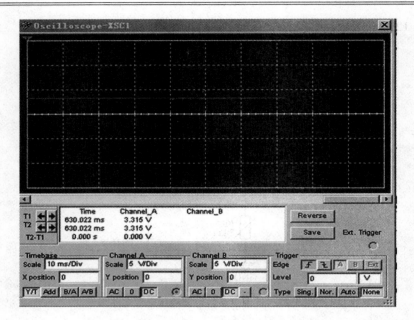

图 3.29 低温度系数可调稳压电源输出仿真图

3.3.2 信号放大电路

1. 自动增益控制放大器

该电路使用通用型运放 F005 组成的自动增益控制放大器。当输入信号变动较大,而想使幅度变小的时候,一般就使用自动增益控制放大器。因为音频用的自动增益控制放大器不能像射频那样使用谐振电路,所以重要的问题是减小失真的产生。该电路在运放的负反馈回路中接入场效应管,并反馈至栅极,对输出进行峰值衰减和控制场效应管的等效输出电阻,构成自动增益控制放大器。通过场效应管漏极到栅极间的 $100\ \mathrm{k\Omega}$ 的电阻形成负反馈,用来补偿场效应管的非线性失真。当输入信号频率为 $1\ 000\ \mathrm{Hz}$,输入信号幅度从 $2.2\ \mathrm{mV}$ 增加到 $70\ \mathrm{mV}$ 时,输出信号将从 $0.44\ \mathrm{mV}$ 增加到 $1.8\ \mathrm{V}$。其原理图如图 3.30 所示。

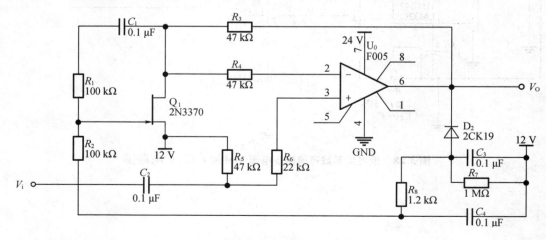

图 3.30 自动增益控制放大器原理图

　　由于在 Multisim 12.0 中无通用型运放 F005,所以用 LM324 代替,其仿真电路如图 3.31 所示。

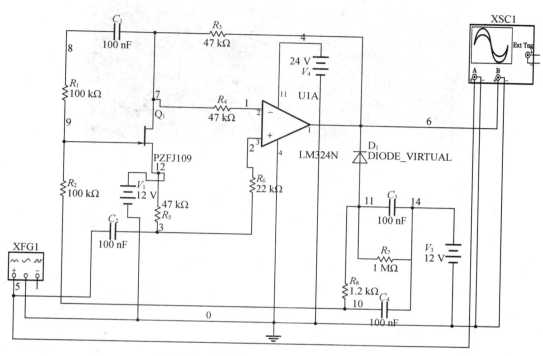

图 3.31　自动增益控制放大器仿真电路图

　　A 通道显示的是输入信号,B 通道显示的是输出信号,由电路原理可知当输入信号频率为 1 000 Hz,输入信号幅度为 2.2 mV 时,输出信号为 0.44 V,其仿真结果如图 3.32 所示。

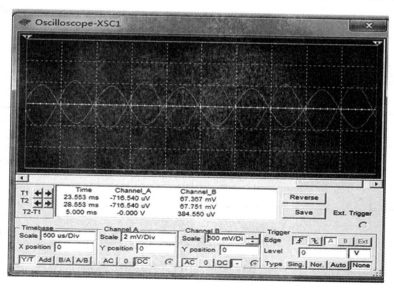

图 3.32　输入 2.2 mV 时仿真图

当输入为 70 mV 时,输出为 1.8 V,其仿真如图 3.33 所示。

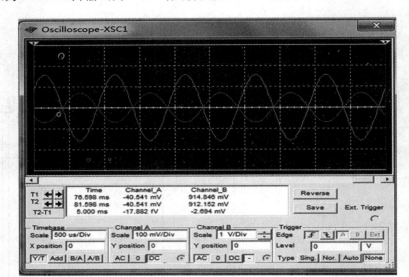

图 3.33　输入 70 mV 时的仿真图

由仿真结果可以看出,该电路满足当输入信号频率为 1 000 Hz,输入信号幅度从 2.2 mV 增加到 70 mV 时,输出信号从 0.44 mV 增加到 1.8 V。因此该电路符合设计要求。

2. 数控增益放大器电路

该电路是使用低功耗运放 F011 组成的数控增益放大电路。其电压放大倍数为 $A_V = 1 + R_f/R_x$,式中 R_x 为反向端对地电阻,即 R_2,R_3,R_4,R_5 阻值并联的组合,其大小取决于控制的数字量 $D_4D_3D_2D_1$ 的大小。四个数据输入端的十六种状态确定了放大器的十六种增益,其原理如图 3.34 所示。

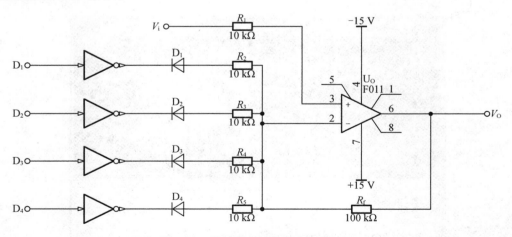

图 3.34　数控增益控制放大器原理图

由于在 Multisim 12.0 中无低功耗运放 F011,所以用 LM6041 代替,其仿真电路如图 3.35所示。

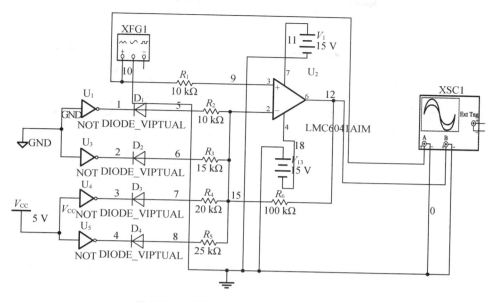

图 3.35　数控增益控制放大器电路仿真图

A 通道显示的是输入信号,B 通道显示的是输出信号,由电路原理可知,当 $D_3D_2D_1D_0$ 输入依此为 1100,输入为 1 V 时,输出为 10 V。其仿真结果如图 3.36 所示。

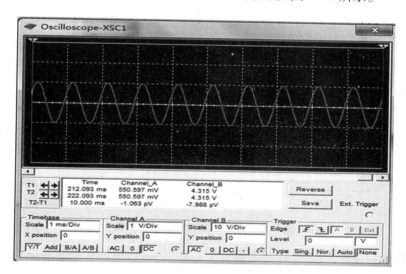

图 3.36　输入 1100 时仿真图

当 $D_3D_2D_1D_0$ 输入依此为 1100 时,R_4、R_5 接入电路,即 $R_x = (20//25)\,\text{k}\Omega \approx 11.1\,\text{k}\Omega$,则 $A_v = 1 + 100/11.1 \approx 10.01$,所以当输入为 1 V 时,输出为 10 V,该电路符合设计要求。

3. 绝对值放大器

该电路是用通用型运放 F007 组成的较精密的绝对值放大器。电路的输出信号电压正比于输入信号电压的绝对值,无论输出电压的极性如何,其输出电压总是正电压。其原理图如图 3.37 所示,取图中所示元件值,电路允许最大输入信号电压峰 – 峰值为 2 V,最大输出

信号的峰 – 峰值约为20 V,电路增益为10。

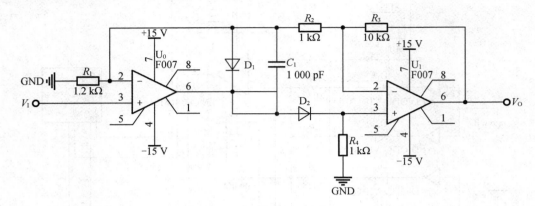

图 3.37   绝对值放大器原理图

由于在 Multisim 中无通用型运放 F007,所以用 741 代替,其仿真电路如图 3.38 所示。

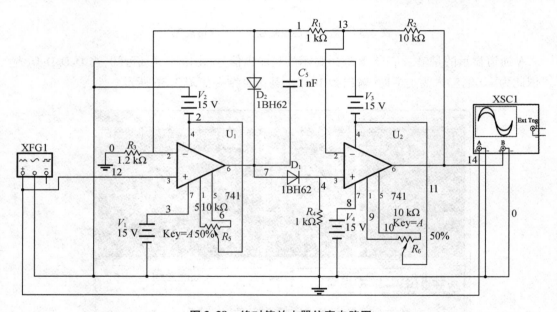

图 3.38   绝对值放大器仿真电路图

A 通道显示的是输入信号,B 通道显示的是输出信号,由原理可知当输入 1 V 时,输出为 10 V。其仿真结果如图 3.39 所示。

电路允许最大输入信号电压峰 – 峰值为 2 V,最大输出信号的峰 – 峰值约为 20 V,电路增益为 10。由仿真结果可知,当输入为 1 V 时,输出为 10 V,电路增益为 10,该电路符合设计要求。

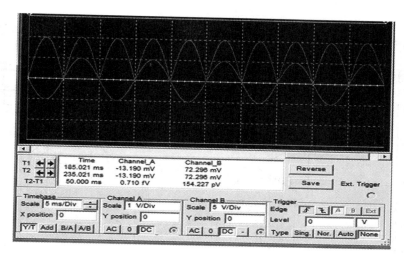

图 3.39 绝对值放大器输出仿真图

4. 钳位放大器

该电路是用低漂移精度集成运放 FX725 组成的精密钳位放大器。钳位放大器常用作脉冲整形、矩形波变换和过载保护。由整流桥和稳压管提供双向钳位,当正输入信号达到钳位电平时,D_1 和 D_3 导通,正向输入钳位;当负输入信号达到钳位电平时,D_2 和 D_4 导通,负向输出钳位。由于两个极性都采用同一个稳压管钳位,因而输入钳位稳定,受输出状态影响较小,双向钳位点对称。其原理如图 3.40 所示。

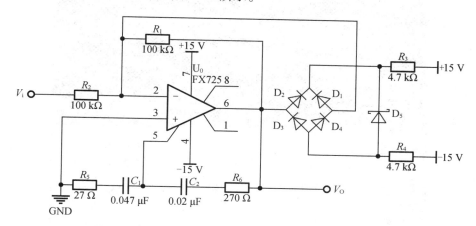

图 3.40 钳位放大器原理图

由于在 Multisim 12.0 中无低漂移精度集成运放 FX725,所以用 LM725AH 代替,其仿真电路如图 3.41 所示。

该电路选择稳压管稳压为 5.1 V,所以在输入信号为 10 V,输出信号为 5.1 V 时进行钳位,其仿真结果如图 3.42 所示。

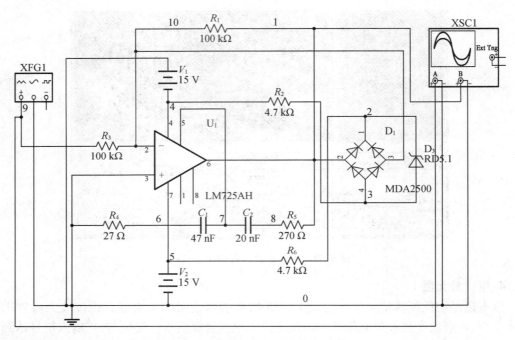

图 3.41　钳位放大器仿真电路图

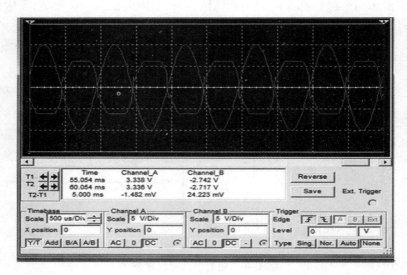

图 3.42　钳位输出仿真图

当输入信号低于 5.1 V 时,输出信号正常输出;当输入信号高于 5.1 V 时,电路输出为钳位电压 5.1 V。该电路满足设计要求。

5. 斩波稳零放大器

由于直流放大器存在零点漂移的问题,使直流小信号放大时其精度受到影响。斩波稳零方法是根据放大交流信号时不存在零点漂移的特点,先把直流信号变成等幅度的方波,然后将该方波放大,最后又还原成直流信号。图 3.43 所示斩波稳零放大器中,模拟开关 S_1、S_2

用一个 400 Hz 的方波进行控制。当 S_1 闭合时，A 点电位为零；S_1 断开时，A 点电压与输入电压等值。A 点信号经 C_1 隔直，放大器放大六倍后输出，输出交流信号在 S_2 的作用下，在 B 点解调 A 点的放大输出信号。最后由低通滤波器滤去高频成分，得到放大后的直流电压输出。其原理如图 3.43 所示。

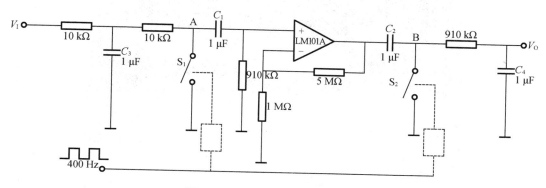

图 3.43　斩波稳零放大器原理图

斩波稳零放大器在 Multisim 12.0 中的仿真电路图如图 3.44 所示。

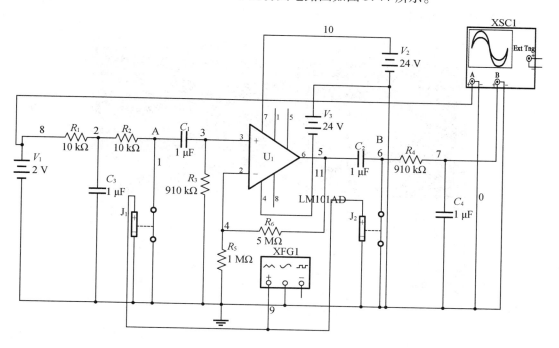

图 3.44　斩波稳零放大器仿真电路图

当输入为 2 V 的直流信号时，A 点信号经 C_1 隔直后信号变成方波，其仿真图如图 3.45 所示。

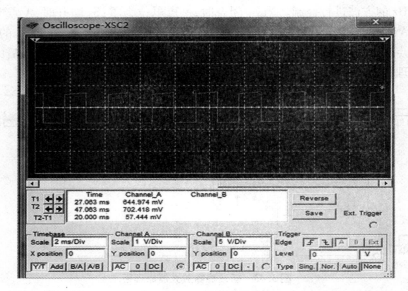

图 3.45　C_1 隔直后仿真图

放大器放大 6 倍后输出，其输出信号如图 3.46 所示。

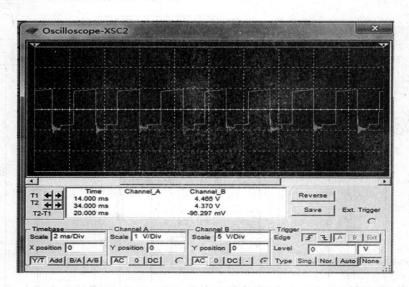

图 3.46　放大 6 倍仿真图

输出交流信号在 S_2 的作用下，在 B 点解调 A 点的放大输出信号。最后由低通滤波器滤去高频成分，得到放大后的直流电压输出，如图 3.47 所示。

当输入信号为 2 V 的直流信号时，A 点信号经 C_1 隔直后信号变成 0.85 V 方波，放大器放大 6 倍后输出，输出交流信号在 S_2 的作用下，在 B 点解调 A 点的放大输出信号。最后由低通滤波器滤去高频成分，得到放大后的直流电压输出，其输出信号幅值为 4 V，放大了两倍，该电路符合设计要求。

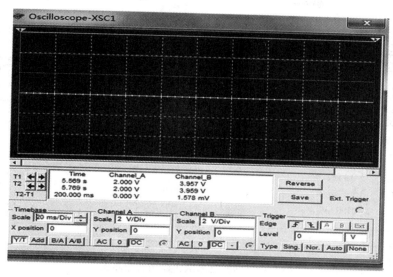

图 3.47　输出仿真图

6. 音频功率放大器

图 3.48 所示电路是由 XG820 集成运放组成的音频功率放大器,其主要特点是功耗低、输出功率大、电源纹波抑制性能好、无交越失真、体积小等,广泛应用在袖珍收音机中。

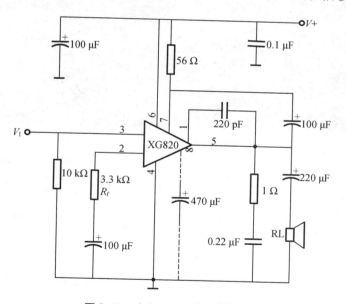

图 3.48　音频功率放大器原理图

由于 Multisim 12.0 中无 XG820 集成运放,所以选择与其功能相似的 MC33181D 集成运放,其仿真电路如图 3.49 所示。

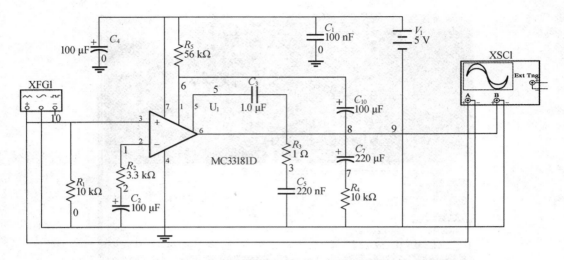

图 3.49 音频功率放大器仿真电路图

其仿真结果如图 3.50 所示。

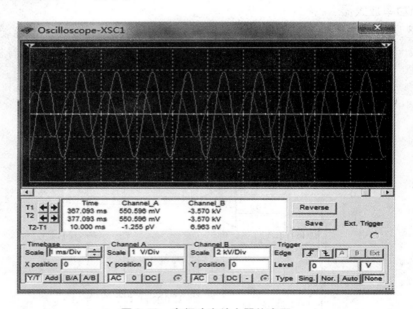

图 3.50 音频功率放大器仿真图

当输入信号为 1 V 时,输出信号为 2 kV,放大了 2 000 倍,满足功耗低、输出功率大、电源纹波抑制性能好、无交越失真的要求,该电路符合设计要求。

3.3.3 信号产生电路

1. 文氏电桥正弦波发生器

文氏电桥正弦波发生器如图 3.51 所示,由运算放大器与具有频率选择性的反馈网络构成,施加正反馈就产生振荡。由集成运放组成的放大器,其输出一端接 *RC* 串并联选频网络,构成正反馈;另一端由电阻与稳压二极管共同构成的并联电路构成负反馈,其中两个稳压二极管串联起到双向稳压的作用。

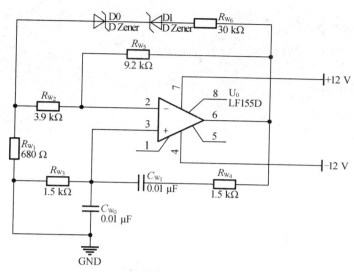

图 3.51　文氏电桥正弦波发生器原理图

　　根据以上的原理分析,为了使文氏电桥振荡电路能产生振荡,非常重要的是正反馈的作用是输出不饱和,为此,在负反馈侧接入限幅和自动增益控制电路。最简单的就是接入二极管。

　　文氏电桥正弦波发生器是一个用稳压管稳幅的文氏电桥振荡器的实用电路,其振荡频率约为 1 kHz。根据以上设计思路,利用 Multisim 12.0 软件对该文氏电桥正弦波发生器的电路图进行仿真,由于 Multisim 12.0 中无 LF155D,所以利用 741 代替,其仿真电路如图 3.52 所示。

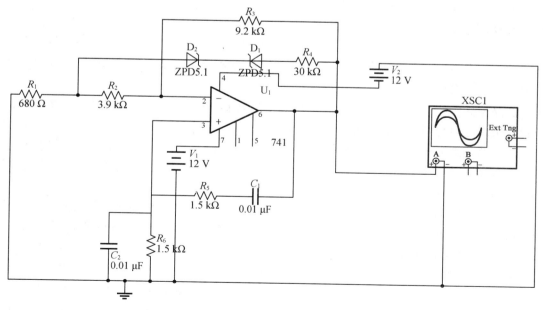

图 3.52　文氏电桥正弦波发生器 Multisim 12.0 仿真图

经仿真后由示波器得到的仿真波形,如图 3.53 所示。

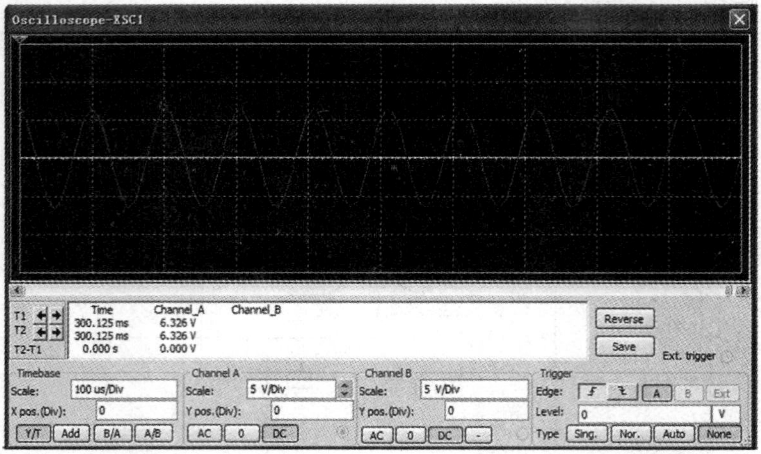

图 3.53 文氏电桥正弦波发生器仿真波形图

若用同轴双联电位器代替电桥中的 1.5 kΩ 电阻,或用波段开关改变电容的数值,可调节输出信号的频率。电路的最高频率由运算放大器的频率特性决定。而低频端需要取较大的电阻值,故要求运算放大器的输入阻抗尽可能地高。

在稳压管支路中串联一个 30 kΩ 的电阻,并将该支路的一端接在 680 Ω 与 3.9 kΩ 电阻之间,可以使放大器的放大倍数变化不至于太快。若使用击穿特性较软的稳压管,可减小失真,失真度可达 0.5%。

根据得到的仿真波形可以看出,所设计的正弦波发生器在较小的误差范围内符合参数要求,可以产生符合要求的正弦波形。

2. 桥式晶体振荡器

晶体振荡器的主要特性之一是工作温度内的稳定性,它是决定振荡器价格的重要因素。振荡器的频率稳定性亦受到振荡器电源电压变动以及振荡器负载变动的影响。正确选择振荡器可将这些影响减到最少。

从晶振插脚两端向振荡电路方向看进去的全部有效电容为该振荡电路加给晶振的负载电容。负载电容与晶振一起决定它的工作频率。通过调整负载电容一般可以将振荡电路的工作频率调整到标称值。负载电容可以根据具体情况作适当调整。负载电容太大时,杂散电容影响减小,但微调率下降;负载电容太小时,微调率增加,但杂散电容影响增加,负载谐振电阻增加,甚至起振困难。

晶振工作时消耗的有效功率,有时用流经晶振的电流表示。实际使用时,激励电平可以适当调整。激励强,容易起振,但频率老化大,激励太强甚至晶片破碎;降低激励,频率老化可以改善,但激励太弱时频率瞬稳变差,甚至不起振。

如图 3.54 所示,它是一个由集成宽带放大器 F733 构成的桥式晶体振荡器电路。电路中,反馈电压与输出电压分别利用集成宽带放大器的两个输出端,这两个输出端是集成宽带放大器内的两个射随器输出端,因此,负载与振荡器之间有很好的隔离性能。当对输出波形和噪声的抑制程度要求高时,可在输出端连接 LC 回路,从电容 C 上取出输出电压。

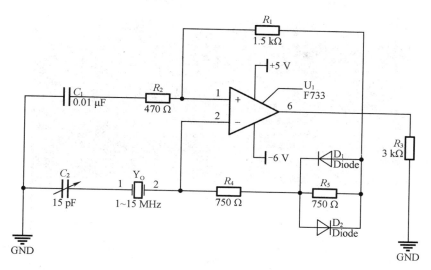

图 3.54　桥式晶体振荡器原理图

图 3.54 中，R_1、R_2 为正反馈支路，R_4、R_5 与等效为串联谐振回路的晶体振荡器构成放大器的负反馈支路。振荡频率 f_0 等于晶体的固有频率。由于 F733 的频带 BW 很宽（可达 120 MHz），振荡器的晶体在很宽的频率范围（1 Hz～15 MHz）内更换，仍有很好的性能。

桥式晶体振荡器是由集成宽带放大器构成的电路。根据以上对于桥式晶体振荡器的设计思路，利用 Multisim 12.0 软件对桥式晶体振荡器电路进行仿真，由于 Multisim 12.0 中无 F733，因此利用 THS4501CDGN 代替，得到桥式晶体振荡器电路的 Multisim 12.0 仿真图，如图 3.55 所示。

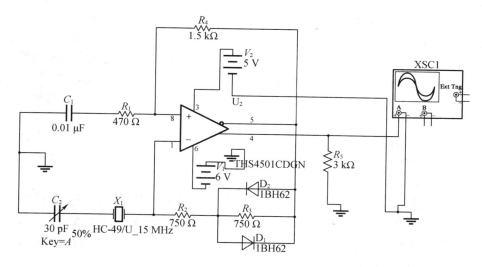

图 3.55　桥式晶体振荡器电路的仿真图

经仿真后由示波器得到的仿真波形如图 3.56 所示。

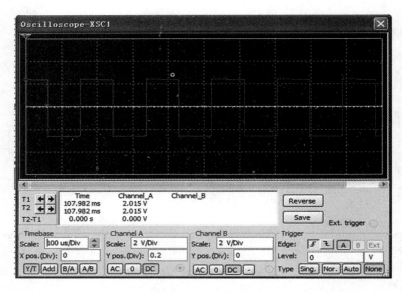

图 3.56 桥式晶体振荡器仿真波形图

电路调试或更换晶体时,若振荡器不起振,可稍加大 R_2 使电路起振,但 R_2 过大可引起输出正弦波失真。从 Multisim 12.0 仿真后得到的波形可以看出,波形失真较小,证明电路设计成功。

3. 双音调铃声发生器的设计

双音调铃声发生器主要是通过 555 定时器构成的自激多谐振荡器产生的控制电压对不同频率的振荡信号的调制,从而通过扬声器产生不同频率的声音,即"滴、嘟"的声音。

该设计是由两个 555 集成块组成的双音调铃声发生器。5 脚为控制端,其片内接比较器的反相输入端,电位为 2Vcc。一般 555 组成自激多谐振荡器时,将 5 脚通过一个小电容(0.01 μF~0.1 μF)接地,以防止外界干扰对阀值电压的影响,当需要把它变成可控多谐振荡器时,可以在电路的 5 脚外加一个控制电压,这个电压将改变芯片内比较电平,从而改变振荡频率,当控制电压升高(降低)时,振荡频率降低(升高),这就是控制电压对振荡信号频率的调制。

555(1)接成多谐振荡器,555(2)接成音频振荡器。555(1)的输出信号控制 555(2)的控制电平端,使 555(2)交替地产生两种不同频率的输出信号,双音调铃声发生器的电路结构如图 3.57 所示。

利用这种调制方法,可组成双音报警器。555(1)输出的方波信号,通过 R_8 控制 555(2)的电平。当 555(1)输出高电平时,555(2)的振荡频率低;当 555(1)输出低电平时,555(2)的振荡频率高。因此 555(2)的振荡频率被 555(1)的输出电压调制为两种音频,使扬声器发出"滴、滴、嘟、嘟……"的双音声响。

双音调铃声发生器是由两个 555 集成块构成的电路。根据以上的设计思路,利用 Multisim 软件进行仿真,得到其 Multisim 仿真图,如图 3.58 所示。

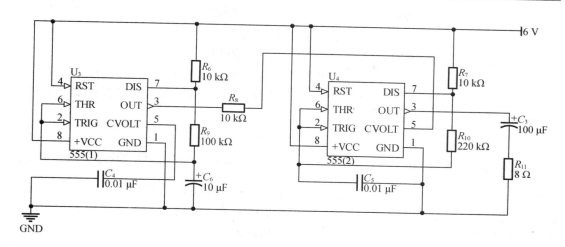

图 3.57　双音调铃声发生器的电路图

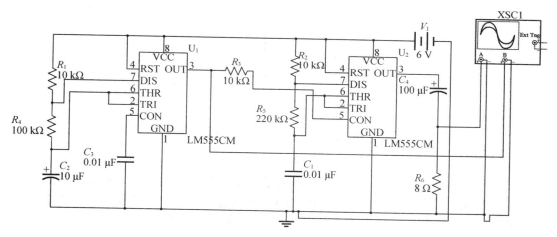

图 3.58　双音调铃声发生器的仿真图

经仿真后由示波器得到的仿真波形如图 3.59 所示。

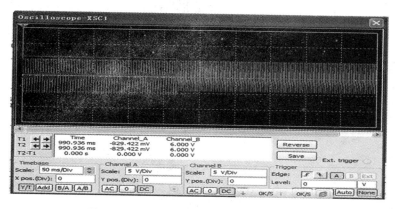

图 3.59　双音调铃声发生器的仿真波形图

由仿真波形图可知,上述的电路图能够产生两种不同频率波,通过接通扬声器,会产生两种频率的声音,即"滴、嘟……",达到预期效果。

4. 基础三相正弦波输出电路

三相正弦波是实验室、教学等场合经常需要用到的信号。通常情况下可以通过变压器从电网获得,但在使用时很不方便,也不安全。因此,研究三相正弦波电子振荡器是很有实际意义的。

(1)一阶全通网络

图 3.60 中的一阶全通网络的传输函数可以表示为 $G(s) = \dfrac{1 - Ts}{1 + Ts}$,其中 $T = RC$,是网络时间常数,该网络在全频域有单位增益,相移为 $\phi = -2\arctan\omega T$。通过设置参数,可使 1 kHz 的信号通过该一阶全通网络产生的相移为 120°,因此,使用三个一阶全通器组成一个移相电路,可使每相之间的相位差为 120°,并且总相移为 360°。

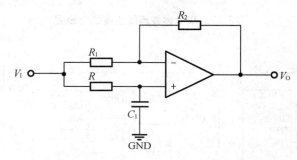

图 3.60　运算放大器构成的全通网络电路图

(2)起振和稳幅电路

起振和稳幅电路如图 3.61 所示。振荡电路必须包含起振和稳幅(非线性)环节。起振条件是该电路的电压增益 $A_uF > 1$(F 为移相网络的增益,始终为 1),稳定运行条件为 $A_uF = 1$,且相移始终保持为 $2k\pi$。

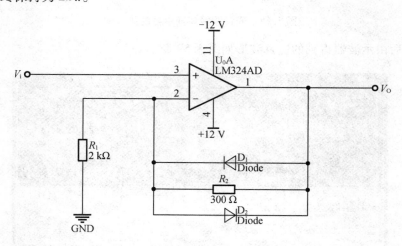

图 3.61　起振和稳幅电路图

图 3.61 为振荡电路的起振环节,在信号幅值较小时,未达到二极管导通电压,因此两个

二极管截止,此时 $A_uF > 1$;当经过一段时间振荡后,输出信号幅值达到二极管的导通电压,理想二极管情况下,二极管的导通电阻为 0,此时 $A_uF = 1$。但考虑到二极管自身有导通电阻,因此这里二极管导通时 A_uF 仍大于 1。

（3）低通滤波电路

低通滤波是指允许低频信号通过,但减弱频率高于截止频率的信号。对于不同的滤波器而言,每个频率的信号的减弱程度不同。

在计算过程中发现,多阶全通网络会产生多频率振荡的问题。原因如下:n 阶全通网络产生的相移为 $-2n\arctan\omega T$,只要相移为 360° 的整数倍,都满足相位条件。解方程 $-2n\arctan\omega T = -2k\pi$（其中,$n$ 为一阶全通网络的阶数,k 为整数）可得多个频率都满足振荡的相位条件。因此为了去除高次谐波振荡而影响预期的波形,那么必须在环路中加上低通滤波环节,如图 3.62 所示。

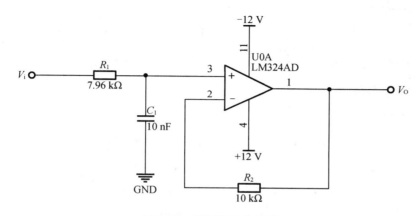

图 3.62　低通滤波电路图

加上滤波电路之后,信号会产生衰减,因此前面的稳幅电路在稳定振荡之后 A_u 要大于 1,这样才能保证整体 $A_uF = 1$。另外,滤波电路还会产生相移,这样振荡电路就不满足相位条件,因此要进行相位补偿,把低通滤波电路和第一阶相移电路的整体相移设定为 120°。

根据以上对于三相正弦波输出电路的分析及设计,得到三相正弦波输出电路的原理图,如图 3.63 所示。

根据以上对于基础三相正弦波输出电路的设计思路,利用 Multisim 12.0 软件对基础三相正弦波输出电路进行仿真,得到基础三相正弦波输出电路的 Multisim 12.0 仿真图,如图 3.64 所示。

经仿真后由示波器得到的仿真波形如图 3.65 所示。

如图 3.65 所示的仿真波形,在仿真过程中,出现了一系列问题。电路在振荡一段时间后会出现三相正弦波形,但是电路还存在很大的直流成分,而且直流成分越来越大,最后将交流信号淹没。因此,要在电路中滤掉直流信号,以达到想要的效果。

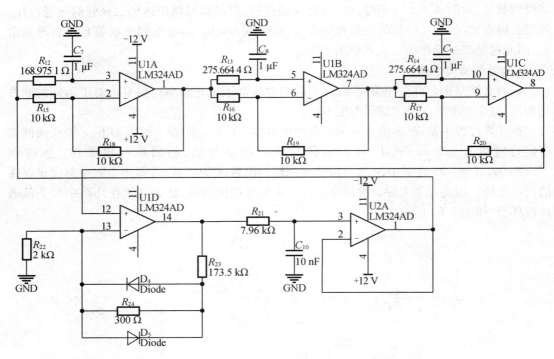

图 3.63　基础三相正弦波输出电路的原理图

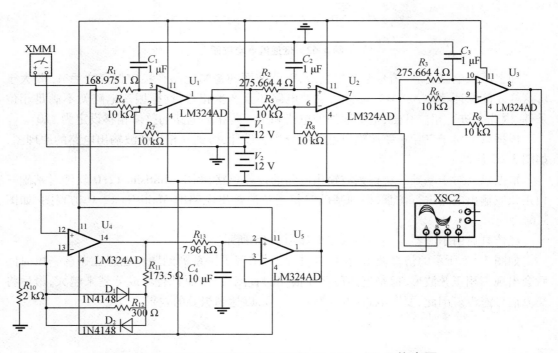

图 3.64　基础三相正弦波输出电路的 Multisim 12.0 仿真图

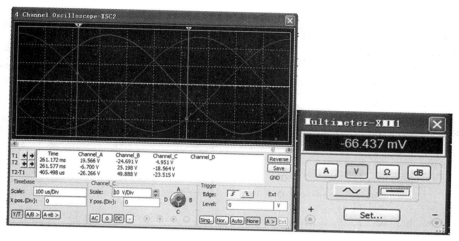

图 3.65　基础三相正弦波输出电路的仿真波形图

5. 单电源供电的三角波 – 方波发生器

三角波 – 方波产生电路是一种能够直接产生方波或矩形波的非正弦信号发生电路。由于方波或矩形波包含极其丰富的谐波,因此,这种电路又称为多谐振荡电路。

三角波 – 方波产生电路是由第一级迟滞比较器产生方波信号,并在第一级滞回比较器的基础上,增加了一个由 R、C 组成的积分电路,由此产生三角波信号,把输出电压经过 R、C 反馈到比较器的反相端,在比较器的输出端引入限流电阻 R 和两个背靠背的双向稳压管就组成了双向限幅方波发生电路。

根据对单电源供电的三角波 – 方波发生器的理论分析可知,组成单电源供电的三角波 – 方波发生器的第一级由 A_1 组成滞回电压比较器,输出电压为对称的方波信号。第二级由 A_2 组成积分器,输出电压为三角波信号。其电路如图 3.66 所示。

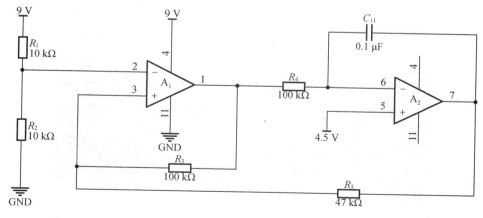

图 3.66　单电源供电的三角波 – 方波发生器电路图

根据以上的设计思路,利用 Multisim 12.0 软件对单电源供电的三角波 – 方波发生器电路进行仿真,得到单电源供电的三角波 – 方波发生器电路的 Multisim 12.0 仿真图,如图 3.67所示。

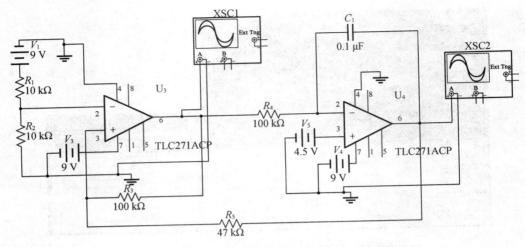

图 3.67 单电源供电的三角波－方波发生器电路的仿真图

经仿真后由示波器得到的仿真波形如图 3.68 和图 3.69 所示。

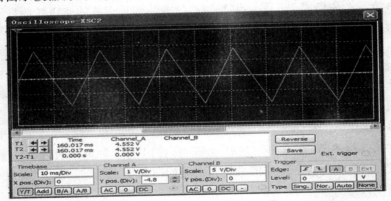

图 3.68 单电源供电的三角波－方波发生器电路正弦波仿真图

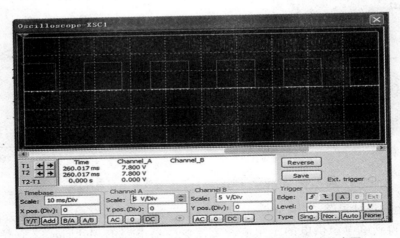

图 3.69 单电源供电的三角波－方波发生器电路方波仿真图

根据 Multisim 12.0 仿真图可以看出,仿真得到的波形失真较小,通过调试电路可知,改变 R_4 的大小可以改变三角波和方波的频率,但不影响幅值,使图形更便于观察。

取图 3.67 所示元件参数,三角波输出幅值 $V_1 = 3.4$ V,方波输出幅值 $V_2 = 8$ V。

6. 双电源供电的三角波 – 方波发生器

双电源供电的方波电路构成如图 3.70 所示的电路,在比较器的输出端引入限流电阻 R_3 和两个背靠背的双向稳压管就组成了一个如图所示的双向限幅方波发生电路。由图 3.70 可知,电路的正反馈系数 F 为

$$F \approx \frac{R_2}{R_1 + R_2} \tag{3 - 11}$$

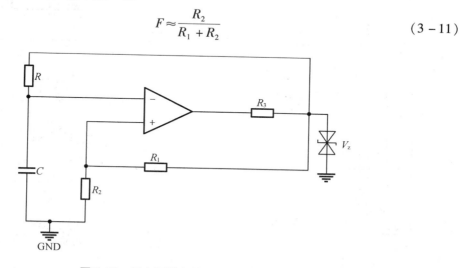

图 3.70　双电源供电的方波电路构成图

此外,如在示波器等仪器中,为了使电子按照一定的规律运动,以利用荧光屏显示图像,常用到三角波产生器作为时基电路。例如,要在示波器荧光屏上不失真地观察到被测信号波形,就要在水平偏转板上加上随时间作线性变化的电压——三角波电压,使电子束沿水平方向匀速扫过荧光屏。图 3.71 是双电源供电的三角波 – 方波发生器。

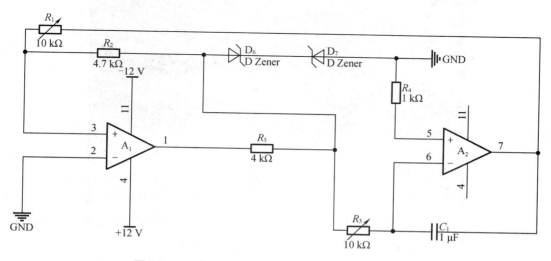

图 3.71　双电源供电的三角波 – 方波发生器的电路图

根据以上的设计思路,利用 Multisim 12.0 软件对双电源供电的三角波 – 方波发生器电路进行仿真,得到双电源供电的三角波 – 方波发生器电路的 Multisim 12.0 仿真图,如图 3.72 所示。

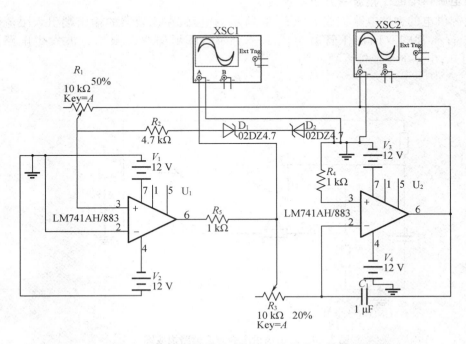

图 3.72　双电源供电的三角波 – 方波发生器的仿真图

经仿真后由示波器得到的仿真波形如图 3.73 和图 3.74 所示。

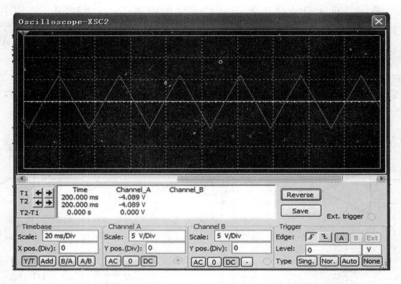

图 3.73　双电源供电的三角波 – 方波发生器的三角波仿真图

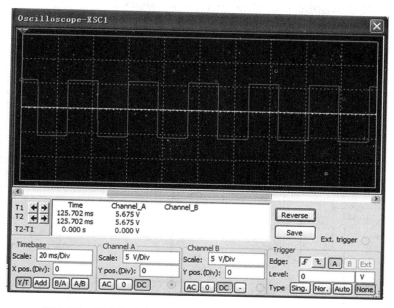

图 3.74　双电源供电的三角波－方波发生器的方波仿真图

由仿真波形可知,三角波的波形只有少量失真,且斜率和幅值均可调,方波的波形开始时有少量失真,随着电路的逐渐稳定,失真基本上完全消除,且幅值对称。此电路符合设计要求。

3.3.4　信号测量与控制电路

1. 环境噪声检测器

如图 3.75 所示的环境噪声检测器电路由中增益运算放大器 8FC3 等组成,图中将运算放大器接成噪声放大器,被检测的噪声信号由扬声器变为电信号,通过起阻抗变换作用的变压器(音频输出变压器的次级与扬声器相接)将信号加到运放反相输入端。经放大输出的信号,通过二级桥式整流后,使电流表偏转,从而指示出环境噪声的强度。调节 R_{w1} 可改变电流表的灵敏度。环境噪声检测器的 Multisim 仿真电路如图 3.76 所示,由于 Multisim 中无 8FC3,因此用 741 代替,其仿真波形如图 3.77 所示。

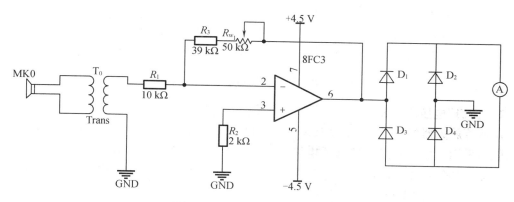

图 3.75　环境噪声检测器电路图

示波器 A 端接输出波形，B 端接输入波形，仿真后可观察到波形有所放大，可检测到噪声信号。

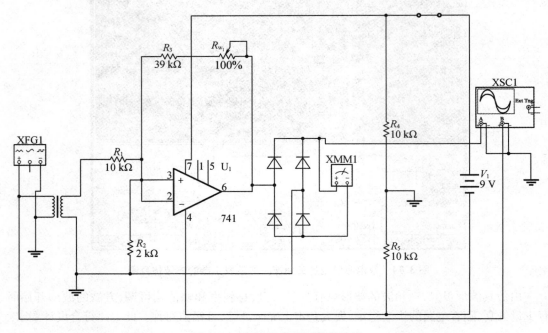

图 3.76　环境噪声检测器仿真图

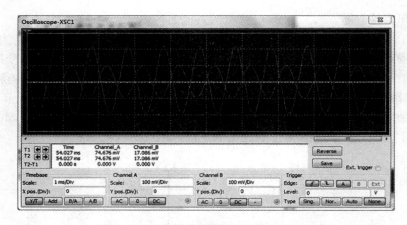

图 3.77　环境噪声检测器输出信号仿真图

2."窗口"电压比较器

用运算放大器 F007 和二极管 2CK12 等元件构成的"窗口"电压比较器如图 3.78 所示。该比较器采用二极管来完成"窗口"电压的设定，故只需一个运算放大器即可。图 3.78 中的三个输入端分别加上输入电压 v_1、"窗口"上限电压 V_2 及"窗口"中心电压 $(V_2 + V_1)/2$，其中 V_1 是"窗口"下限电压。

当 $v_1 < V_1$ 时，二极管 D_2 截止，则同相输入端的电压是 $(V_2 + V_1)/2$，而反相输入端的电

压是$(V_2 + v_I)/2$,后者必小于前者,运算放大器输出高电平。

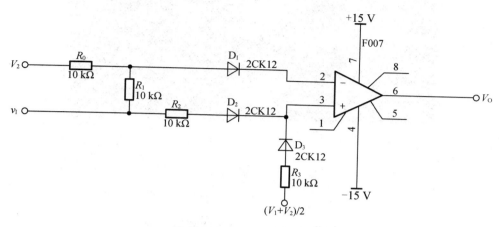

图 3.78　"窗口"电压比较器

当 $v_I > V_2$ 时,反相输入端的电压是$(V_2 + v_I)/2$,同相输入端电压是v_I(D_3 截止),而 v_I 大于$(V_2 + v_I)/2$,故运放输出也是高电平。

当 $V_1 < v_I < V_2$ 时,反相输入端电压是$(V_2 + v_I)/2$,同相输入端电压等于v_I(v_I 高于"窗口"中心电压时),或者等于$(V_2 + V_1)/2$(v_I 低于"窗口"中心电压时),在该两种情况下均是反相输入端的电压高于同相输入端的电压,因此输出 V_O 为低电平。

该电路的阈值电压可精确到 0.1 mV,"窗口"宽度可小至毫伏级。选用参数匹配的二极管及接入调零电位器 R_W 可提高精度。

规定"窗口"下限电压 V_1 为 0.1 V,"窗口"上限电压 V_2 为 0.3 V。对图 3.78 仿真如下:

(1)当 v_I 输入为 0.5 V 时,此时 v_I 大于 V_2,运算放大器也应输出高电平。Multisim 12.0 仿真电路如图 3.79 所示,由于 Multisim 12.0 无 F007,因此用 741 代替,仿真波形如图 3.80 所示。

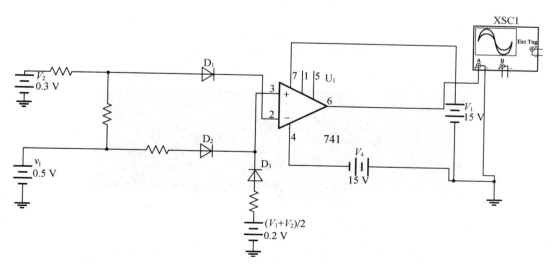

图 3.79　v_I 为 0.5 V 时的仿真图

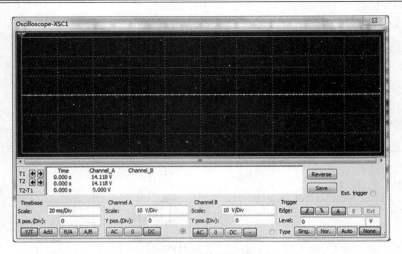

图 3.80　v_I 为 0.5 V 时的仿真波形图

（2）当 v_I 输入为 0.2 V 时，此时 $V_1 < v_I < V_2$，运算放大器应输出低电平。其 Multisim 12.0 仿真电路如图 3.81 所示，仿真波形如图 3.82 所示。

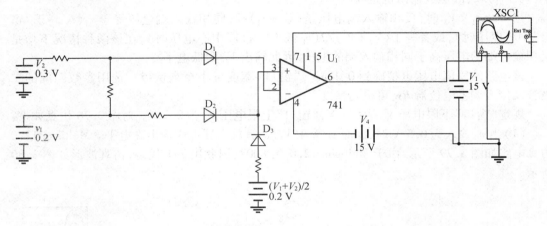

图 3.81　v_I 为 0.2 V 时的仿真图

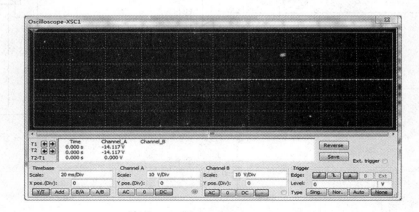

图 3.82　v_I 为 0.2 V 时的仿真波形图

3. 峰值检测器

如图 3.83 所示的峰值检测器是由两级运算放大器组成的。第一级运放 A_1 将输入信号的峰值传递到电容 C 上，并保持下来。第二级运放 A_2 组成缓冲放大器，将输出与电容隔离开来。为了获得优良的保持性能和传输性能，运放应具有输入阻抗高、响应速度快和跟随精度好等优点，可选用 SF356 型运放。

当输入电压 v_I 上升时，v_{01} 跟随上升，使二极管 D_2、D_1 导通，电容 C 充电，V_C 上升。当输入电压 v_I 下降时，v_{01} 跟随下降，D_2、D_1 截止，V_C 值保持不变。当 v_I 再次上升使 v_{01} 上升并使 D_2、D_1 导通，再次对电容 C 充电（V_C 高于前次充电时电压）；当 v_I 再次下降时，D_2、D_1 又截止，V_C 将峰值再次保持。输出 V_O 反映 V_C 的大小，并可通过 AD 转换电路和译码驱动显示电路显示出检测峰值的数值。峰值检测器的 Multisim 12.0 仿真电路如图 3.84 所示，其仿真波形如图 3.85 所示。

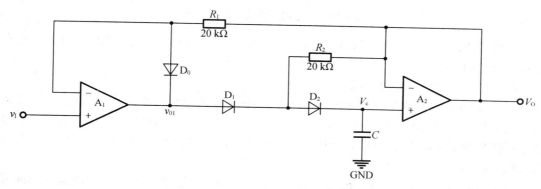

图 3.83 峰值检测器电路图

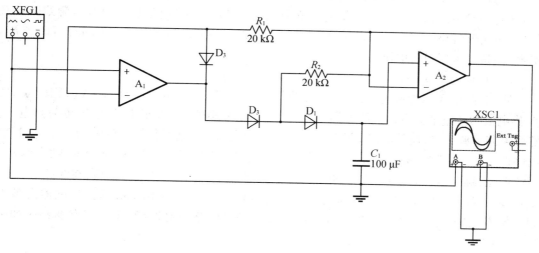

图 3.84 峰值检测器的仿真图

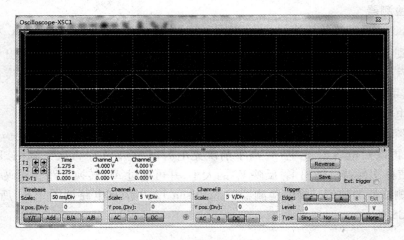

图 3.85　峰值检测器的仿真波形图

示波器 A 端输入一个正弦波,B 端接的是输出波形,从仿真图中能直观看出此电路能实现检测峰值的功能。

4. 欠压、过压全自动保护电路

欠压、过压全自动保护电路如图 3.86 所示。该电路属自保工作方式,有利于电气设备的安全运行。当市电电压超过正常范围时,能自动切断继电器设备电源,当专业词汇没有问题电压恢复到正常范围时,又能自动接通电器设备电源。保护器的两只红绿指示灯总有一只发亮,指示市电是否正常。其主要技术指标如下。

(1)电源电压在 50 ~ 150 V 范围内正常供电,此时绿灯亮,正常供电电压范围可根据需要进行调整。

(2)电源电压高于 150 V 或低于 50 V 时,自动切断电器设备电源,此时红灯亮。

(3)电源电压恢复到允许工作电压范围或电源断电后恢复供电时,以及电源线路接触不良、碰线等引起的电源时通时断故障排除后,保护器均能自动延时 1 ~ 10 min(可调节 R_{W3} 确定)后接通电器设备电源。

(4)负荷功率 ≥200 W。

调试时,在 A 点处断开 R_{W3}。用自耦调压器代替市电,将电压调至 150 V,调节 R_{W1},使 T_1 集电极为高电平。再调节调压器使其输出为 50 V,调整 R_{W2},使 T_2 集电极也为高电平。然后再调节调压器,使其输出 150 V,微调 R_{W1} 使红灯亮,继电器释放。调节调压器,使其输出略低于 150 V,绿灯亮,红灯灭,继电器吸合。同理,调节调压器使其输出为 50 V,微调 R_{W2} 至红灯亮,继电器释放,输出大于 50 V,红灯灭,绿灯亮,继电器吸合。最后,在线路 A 点处重新接通 R_{W3},调节 R_{W3},重新接通电源时,保护器自动延迟 1 ~ 10 min 后接通电器设备电源。欠压、过压全自动保护电路的 Multisim 12.0 仿真电路如图 3.87 所示,其仿真结果如图 3.88 ~ 3.90 所示。

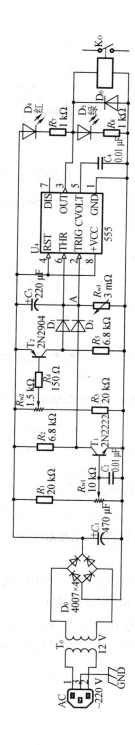

图3.86 欠压、过压全自动保护电路

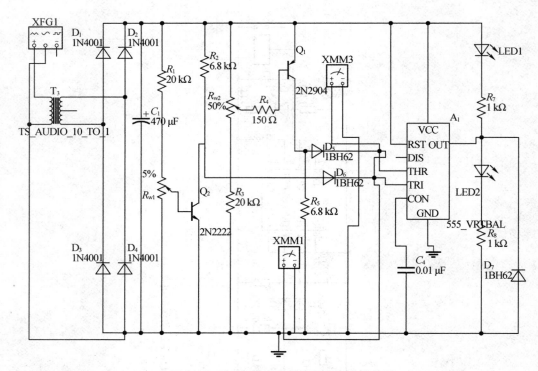

图 3.87 欠压、过压全自动保护电路仿真图

①当输入电压为 45 V 时,输入电压低于 50 V,此时自动切断电器设备电源,应红灯亮。经仿真后确实红灯亮,与理论相符,仿真结果如图 3.88 所示。

②当输入电压为 100 V 时,输入电压在 50～150 V 范围内正常供电,此时应绿灯亮。经仿真后确实绿灯亮,与理论相符,仿真结果如图 3.89 所示。

③当输入电压为 200 V 时,输入电压高于 150 V,此时自动切断电器设备电源,应红灯亮。经仿真后确实红灯亮,与理论相符,仿真结果如图 3.90 所示。

5. 自动限电控制器

本控制器是为防止用户超量用电而设计的。当用户用电量超出规定指标时,控制器自动切断电源,发光二极管发出红光指示;用量减小到指标内时,控制器又恢复供电,其电路如图 3.91 所示。T_r 为取样变流器,与 D_2,C_3,R_{w1} 等组成取样电路。220 V 市电经变流器在次级得到一个较低电压,当用电增加时,T_r 的次级电压亦随之增加。NE555 构成单稳态触发器。220 V 经 C_1 降压,D_{Z1} 稳压,D_1 整流,C_2 滤波后获得约 12 V 稳定的直流电压供控制器使用。

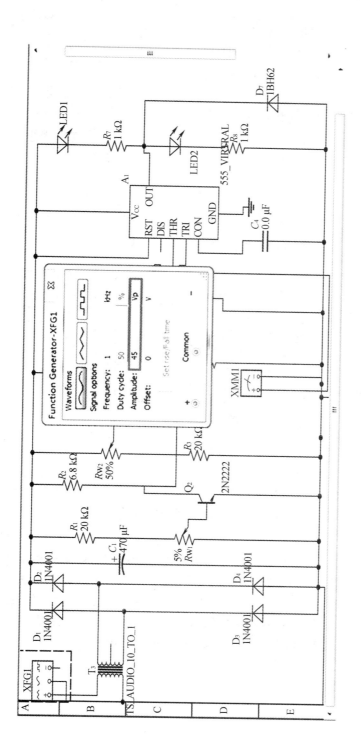

图3.88 输入电压为45 V时的仿真图

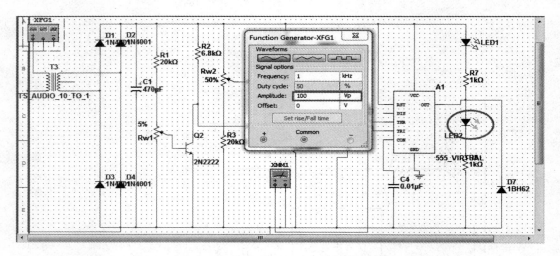

图 3.89　输入电压为 100 V 时的仿真图

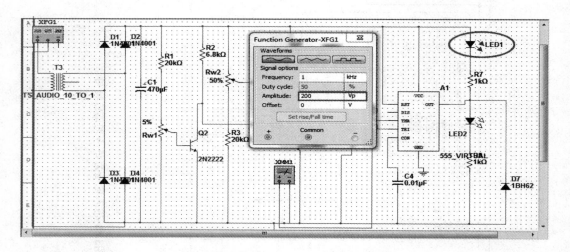

图 3.90　输入电压为 200 V 时的仿真图

在计划用电指标内,T_r 次级电压经 D_2 整流,C_3 滤波,R_{W1}、R_1 分压后的电压不能击穿稳压二极管 D_{Z3},晶体管 T 截止,NE555 芯片 3 脚输出低电平,继电器 K 释放,向用户正常供电。当用户用电超过规定指标时,T_r 的次级电压上升,使 D_{Z3} 击穿,T 饱和,单稳电路输出变为高电平,继电器吸合,其常闭点断开,切断用户电源,同时 LED 发光指示。此后经一段时间延迟后,单稳复位恢复向用户供电,若用电量仍未小于规定指标,则控制器重复上述过程。

调节 R_{W1} 可改变用户用电指标,调节 R_{W2} 可改变单稳电路的延时。

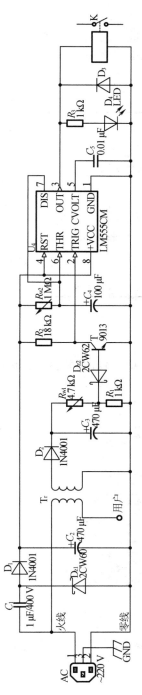

图 3.91　自动限电控制器电路图

当用户用电量超出规定指标(20 V)时,控制器自动切断电源,发光二极管发出红光指示;当用户用电量减小到指标内时,控制器又恢复供电。

自动限电控制器的 Multisim12.0 仿真电路如图 3.92 所示,其仿真结果如图 3.93 和图

3.94所示。

当用户的用电量为 10 V 时,此时的用电量在正常范围之内,发光二极管不亮。而当用户的用电量为 30 V 时,此时的用电量超出 20 V,发光二极管发出红光。

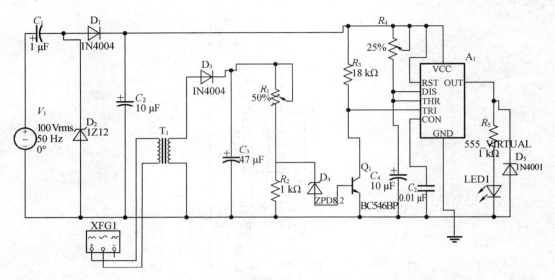

图 3.92　自动限电控制器的仿真电路图

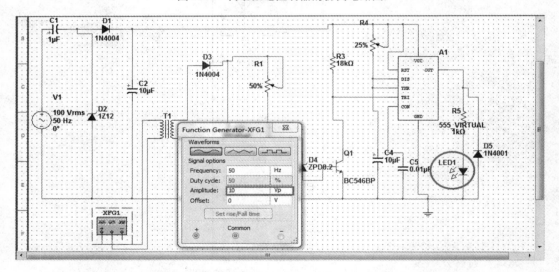

图 3.93　输入电压为 10 V 时的仿真结果图

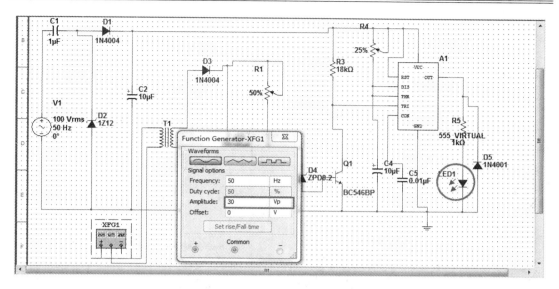

图 3.94　输入电压为 30 V 时的仿真结果图

6. 汽车防盗报警器

图 3.95 所示报警电路由触发、延时、报警等部分组成。S_1 为电源开关,安装于只有主人知道的隐蔽处。S_2、S_3 为两车门的开关,S_4 是汽车本身的电喇叭按钮开关。当司机下车时,将电源开关 S_1 闭合,关好车门,S_2、S_3(磁控开关)吸合,T_1 管处于截止状态,使后面部分不工作,报警器处于警戒状态。如果有人想偷走汽车,只要将车门打开,磁控开关 S_2 或 S_3 失去磁力的吸引而断开,T_1 导通,C_1 充电,由 T_2、T_3 构成的复合管获得偏流而导通,使 T_4 管饱和导通,由 5G1555 组成的多谐振荡器因对地接通而工作,其 3 脚产生低频的脉冲输出,经 R_7 触发可控硅 SCR 导通,汽车电喇叭便发出响亮的报警声。即使立即关上车门,响声仍会继续发出,直至 C_1 放电完毕响声才会停止。改变 C_1 和 R_3 的值可调节响声的延迟时间,改变 R_5、R_6、C_2 的值可调节报警声的长短和间歇时间。汽车防盗报警器的 Multisim 12.0 仿真电路如图 3.96 所示,其仿真波形如图 3.97 所示。

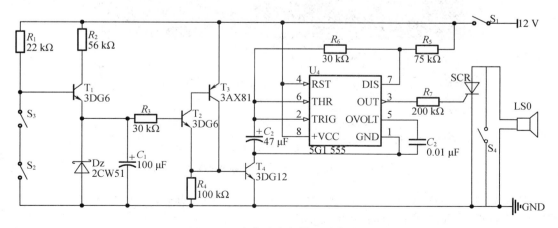

图 3.95　汽车防盗报警器的电路图

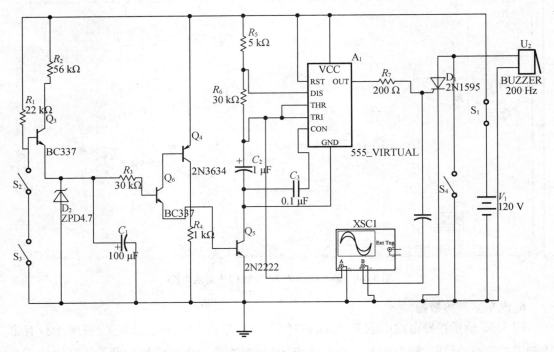

图 3.96　汽车防盗报警器的仿真电路图

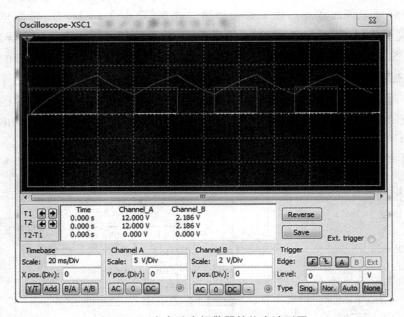

图 3.97　汽车防盗报警器的仿真波形图

　　将电源开关 S_1 闭合后，S_2、S_3（磁控开关）吸合，若车门打开，磁控开关 S_2 或 S_3 失去磁力的吸引而断开，此时有信号输出，汽车电喇叭发出响亮的报警声。

3.3.5 信号处理电路

滤波器是对输入信号的频率具有选择性的一个二端口网络,它允许某些频率(通常是某个频率范围)的信号通过,而其他频率的信号受到衰减或抑制,当干扰信号与有用信号不在同一频率范围之内,可使用滤波器有效地抑制干扰。这些网络可以由 RLC 元件或 RC 元件构成的无源滤波器,也可以由 RC 元件和有源器件构成的有源滤波器。多功能有源滤波器可以根据不同的输出接口分为高通滤波器、低通滤波器和带通滤波器三种。

多功能有源滤波器如图 3.98 所示,电路由三个运算放大器和阻容元件组成。其主要特点是可以同时获得高通、低通、带通三种滤波特性。改变图 3.98 中 R_f、C_f 的数值,可以在宽范围内任意确定通带特性,且其增益、Q 值均可独立设定,而且相互没有影响。该电路结构简单,容易调试,工作稳定。高通、低通、带通电路分别从三个运放的输出端输出。

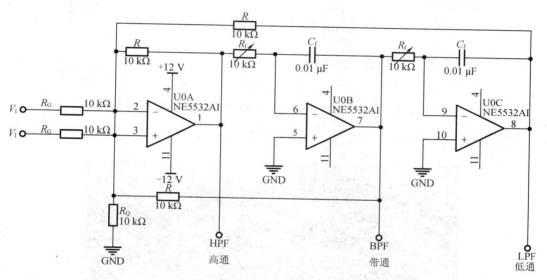

图 3.98 多功能有源滤波器电路图

当输入信号从反相输入端输入时,高通和低通截止频率均为 $w_0 = 1/(R_f C_f)$,通带增益 A_L 和 A_H 均等于 R/R_G,品质因数为

$$Q = (1 + R/R_Q)\left(\frac{1}{2 + R/R_G}\right) \tag{3-12}$$

通常取 $R = R_G$,$A_L = 1$ 或 $A_H = 1$,则 $R_Q = R/(3Q-1)$。

当输入信号从同相输入端输入时,高通和低通截止频率均为 $w_0 = 1/(R_f C_f)$,增益 $A_B = R/R_G$,$Q = 0.5(1 + R/R_G + R/R_Q)$。同时取 $R = R_G$,$A_B = 1$,则 $R_Q = R/[2(Q-1)]$。

多功能有源滤波器的 Multisim 12.0 仿真电路如图 3.99 所示。

选取不同的频率值示波器会出现不同的显示图像,这是由高通、低通、带通的不同特性决定的,按仿真电路图中参数可得截止频率大约为 10 kHz 左右。也就是说,可以选择比 10 kHz 小一些的频率来检测低通滤波器的特性。

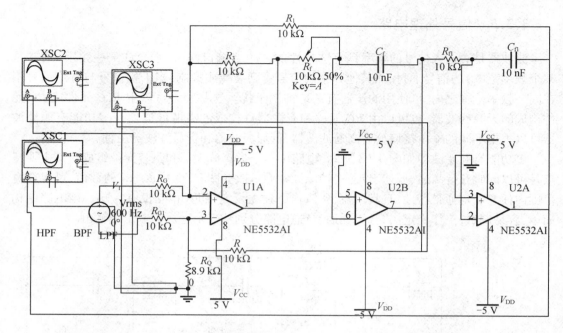

图 3.99   多功能有源滤波器的 **Multisim 12.0** 仿真电路图

选择频率为 600 Hz,三个示波器显示的波形如图 3.100～图 3.102 所示。

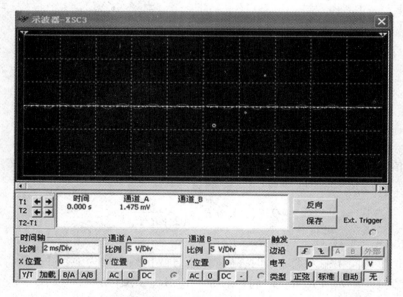

图 3.100   高通示波器显示波形图

通过这几个示波器显示的波形不难看出,只有低通滤波器对信号进行了明显的放大作用,从而也证明在小于截止频率的时候,多功能有源滤波器对小信号有放大作用,低通滤波器起主要作用。此时,多功能有源滤波器对小信号有放大作用,而对一些较大的信号则进行滤波。从而使小信号通过,一些接近于截止频率和一些较大的信号被滤除。

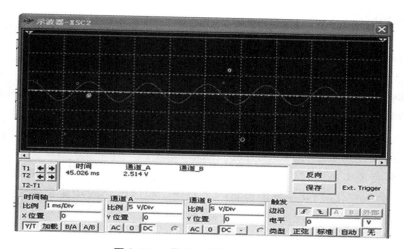

图 3.101　带通示波器显示波形图

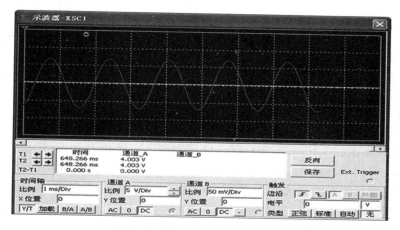

图 3.102　低通示波器显示波形图

3.4　模拟电路设计示例

3.4.1　直流稳压电源

1. 总体设计方案

直流稳压电源设计框图如图 3.103 所示。

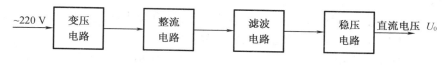

图 3.103　直流稳压电源设计框图

各模块电路的作用如下：

变压电路:直流电源的输入为220 V的电网电压,一般情况下,所需直流电压的数值和电网电压的有效值相差较大,因而需要电源变压器降压后,再对交流电压进行处理。变压器副边电压有效值决定于后面电路的需要。

整流电路:降压后的交流电压,通过整流电路后变成单向直流电压,但其幅度变化大。

滤波电路:为了减小电压的脉动,需要通过低通滤波电路滤波,使输出电压平滑,理想情况下,应将交流分量全部滤掉,使滤波电路的输出电压仅为直流电压。但是,由于滤波电路为无源电路,所以接入负载势必影响其滤波效果。

稳压电路:交流电压通过整流、滤波后虽然变为交流分量较小的直流电压,但是当电网电压波动或者负载变化时,其平均值也将随之变化。稳压电路的功能是使输出直流电压基本不受电网电压波动和负载电阻变化的影响,从而获得较高的稳定性。直流稳压电源原理图如图3.104所示。

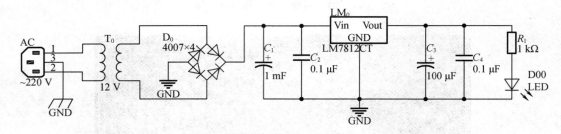

图3.104 直流稳压电源原理图

该直流稳压电源的工作原理:电路接入幅值为220 V、频率为50 Hz的输入电压,再通过桥式整流电路,得到单方向全波脉动的直流电压。由于单方向全波脉动的直流电压中含有交流成分,为了获得平滑的直流电压,在整流电路的后面加一个滤波电路,以滤去交流成分,电容C_1就起到这个作用;然后在滤波电路的后面再接一个稳压电路,使输出的直流电压更加平滑。本设计中采用LM7812CT集成稳压组成稳压电路。

一般来说,滤波电容C_1的容量比较大,本身就存在着较大的等效电感,因此对于引入的各种高频干扰的抑制能力很差。为了解决这个问题,在电容C_1旁并联一只小容量电容器C_2,就可有效地抑制高频干扰。另外,稳压器在开环增益较高、负载较重的状态下时,由于分布参数的影响,有可能产生自激,C_1、C_2则兼有抑制高频振荡的作用。输出端接入C_3、C_4,是为了改善瞬态负载响应特性和减小高频输出阻抗。

2. 仿真分析

直流稳压电源的 Multisim 12.0 仿真电路图如图3.105所示。

电源仿真波形如图3.106所示。

A通道测量的是电源电压,B通道测量的是稳压后得到的直流稳压电源,接近12 V。仿真结果基本符合要求。存在误差的原因一般有以下几点:

(1)若纹波电压过小,说明滤波电容的容量过大,可以减小滤波电容的容量,或者给电路引入正反馈,使输出电压的纹波成分增加同样分量的值;

(2)若电源带负载的能力差,可以将变压器的副边电压值调大,使稳压器的输出电压变化范围增大,从而使输出电阻值变小;当然,增大变压器副边电压的同时,也增大了稳压器的输入电压,使最大输出电流变小,但总可以调节到一个合适的值,来满足要求。

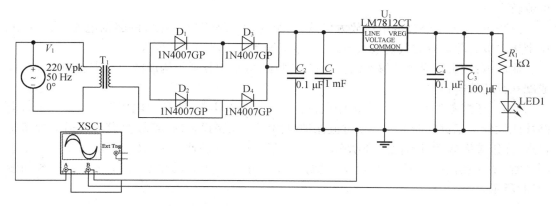

图 3.105　直流稳压电源的 Multisim 12.0 仿真电路图

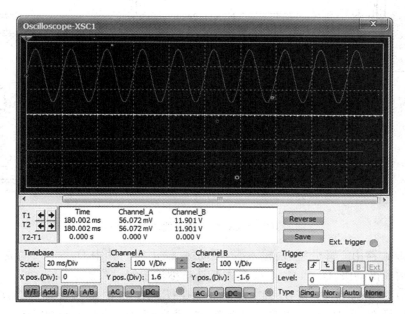

图 3.106　电源仿真波形图

3.4.2　OCL 功率放大器

1.总体设计方案

功率放大器的作用是给负载 R_L 提供一定的输出功率,当 R_L 一定时,希望输出功率尽可能大,输出信号的非线性失真尽可能小,且效率尽可能高。

由于 OCL 电路采用直接耦合方式,为了保证电路工作稳定,必须采取有效措施抑制零点漂移。为了获得足够大的输出功率驱动负载工作,故需要有足够高的电压放大倍数。因此,性能良好的 OCL 功率放大器应由输入级、推动级和输出级等部分组成。

输入级:主要作用是抑制零点漂移,保证电路工作稳定,同时对前级送来的信号作低失真、低噪声放大。为此,采用带恒流源的由复合管组成的差动放大电路,且设置的静态偏置电流较小。

推动级:获得足够高的电压放大倍数,以及为输出级提供足够大的驱动电流,为此可采用带集电极有源负载的共射放大电路,其静态偏置电流比输入级要大。

输出级:给负载提供足够大的输出信号功率,可采用复合管构成的甲乙类互补对称功放或准互补功放电路。

此外,还需考虑为稳定静态工作点设置直流负反馈电路,为稳定电压放大倍数和改善电路性能设置交流负反馈电路以及过流保护电路等。电路设计时,各级要设置合适的静态工作点,在组装完毕后进行静态和动态测试,在波形不失真的情况下,使输出功率最大。动态测试时,要注意消振和接好保险丝,以防损坏元器件。OCL 功率放大器电路原理图如图 3.107 所示。

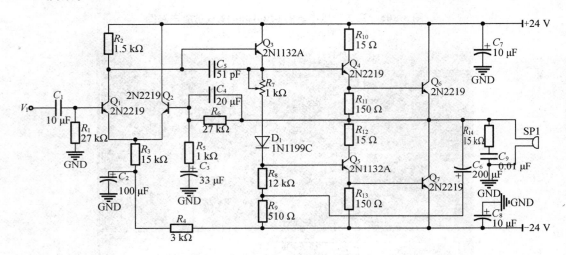

图 3.107　OCL 功率放大器电路原理图

此功率放大器由三部分组成:输入级、推动级、输出级。其中 Q_1 和 Q_2 构成差分式输入级电路,Q_3 构成推动级,Q_4 和 Q_5 是推挽式互补对称输出级。

电路中,R_4 和 C_2 是 Q_1 和 Q_2 的电源滤波电路;R_5、R_6 和 C_3 是负反馈网络;C_4 是高频负反馈电容;D_1 是 Q_4 和 Q_5 的静态偏置二极管;C_5 是高频自激消除电容;R_7 用于调整复合管的微导通状态;R_8、R_9 和 C_6 构成自举电路;R_{10} 和 R_{12} 构成平衡电阻;R_{11} 和 R_{13} 可减少复合管的穿透电流,提高电路的稳定性;Q_4、Q_6 以及 Q_5、Q_7 构成复合管;R_{14} 与 C_9 为消振网络,可改善扬声器的高频特性;保险丝 SP_1 用于保护功放管和扬声器;C_7 与 C_8 能消除直流电源意外产生的交流量;$\pm V_{CC}$ 为直流稳压电源产生 ± 24 V 直流电压。

2. 仿真分析

信号经过 Q_1、Q_2 后,再通过由 R_5、R_6 和 C_3 组成的负反馈网络,由于 C_3 的隔直作用,所以 R_5 只起交流负反馈作用,R_6 具有极强的直流反馈作用,以使 Q_1 至 Q_7 各管工作稳定,使输出端静态电压稳定在 0 V。另外,R_5 和 R_6 具有交流负反馈作用。C_4 是高频负反馈电容,以防止电路可能出现的高频自激。D_1 是 Q_4 和 Q_5 的静态偏置二极管,它可使电路获得更好的温度补偿。同时,为了解决电路的工作点偏置和稳定问题,加入 R_8、R_9 和 C_6 组成的自举升压电路。推动级 Q_3 也起到信号放大的作用。当信号正半周输入时,Q_4、Q_6 导通,Q_5、Q_7 截止,Q_4、Q_6 由正电源供电。当信号负半周输入时,Q_5、Q_7 导通,Q_4、Q_6 截止,Q_5、Q_7 由负电源供电。由于四只功放管上下电路完全对称,所以输入信号的正负半周得到了均匀的放大。功放的输出端与 SP_1 直接耦合,实现了全频带放大。在 SP_1 两端并联 R_{14} 与 C_9 串联的消振网络,以改善高频特性。OCL 功率放大器的 Multisim 12.0 仿真电路如图 3.108 所示。

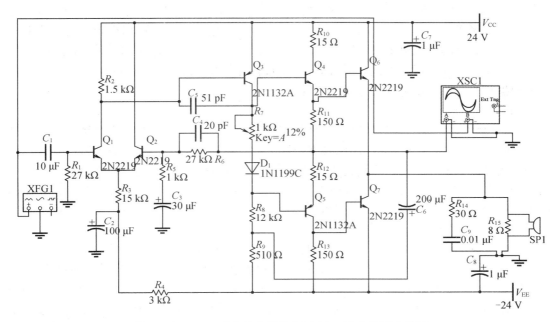

图 3.108 OCL 功率放大器的 Multisim 12.0 仿真电路图

OCL 功率放大器仿真波形如图 3.109 所示。经波形图分析得到,电路正常运行得到放大的波形图,实现功率放大的作用。

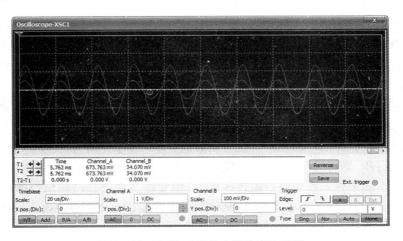

图 3.109 OCL 功率放大器仿真波形图

3.4.3　多级电流串联负反馈放大电路

1. 总体设计方案

（1）反馈方式的选择

根据负载的要求及信号情况来选择反馈方式。在负载变化的情况下,要求放大电路定压输出时,就需要电压负反馈;在负载变化的情况下,要求放大电路恒流输出时,就要采用电流负反馈。至于输入端采用串联还是并联方式,主要根据放大电路输出电阻而定。当要求放大电路具有高的输入电阻时,宜采用串联反馈;当要求放大电路具有低的输入电阻时,宜采用并联反馈。如仅仅为了提高输入电阻,降低输出电阻时,宜采用射极输出器。反馈深度主要根据放大电路的用途及指标要求而定。

（2）放大管的选择

如果放大电路的级数多,而输入信号很弱(微伏级),必须考虑输入放大管的噪音所产生的影响,为此前置放大级应选用低噪声的管子。当要求放大电路的频带很宽时,应选用截止频率较高的管子。从集电极损耗的角度出发,由于前几级放大的输入较小,可选用 p_{cm} 小的管子,其静态工作点要选得低一些(I_E 小),这样可减小噪声;但对输出级而言,因其输出电压和输出电流都较大,故选择 p_{cm} 大的管子。

（3）级数的选择

放大电路级数可根据无反馈时的放大倍数而定,而此放大倍数又要根据所要求的闭环放大倍数和反馈深度而定,,因此设计时首先要根据技术指标确定出它的闭环放大倍数 A_f 及反馈深度 $1 + A_f$,然后确定所需的 A_f。确定了 A_f 的数值,放大电路的级数大致可用下列原则来确定:几十至几百倍左右采用一级或两级,几百至千倍采用两级或三级,几千倍以上采用三级或四级(射极输出极不计),因其 A_f 约等于零一般情况下很少采用四级以上,因为这将给反馈后的补偿工作带来很大的困难,但反馈只加在两级之间也是可以的。

（4）输入级

输入级采用什么电路主要取决于信号源的特点。如果信号源不允许取较大的电流,则输入级应具有高的输入电阻,那么以采用射极输出器为宜;如要求有特别高的输入电阻,可采用场效应管,并采用自举电路或多级串联负反馈放大电路;如信号源要求放大电路具有低的输入电阻,则可采用电压并联反馈放大电路。如果无特殊要求,可选择共射放大电路。

（5）中间级

中间级主要是积累电压及电流放大倍数,多采用共射放大电路,而且采用 β 大的管子。

（6）输出级

输出级采用什么样的电路主要决定于负载的要求。如负载电阻较大(几千欧左右),而且主要是输出电压,则可采用共射电路;反之,如负载为低阻,且在较大范围内变化时,则采用射极输出器。如果负载需要进行阻抗匹配,可用变压器输出。因输出级的输出电流都较大,其静态工作点的选择要比中间级高,具体数值要视输出电压和输出电流的大小而定。

多级电流串联负反馈电路原理图如图 3.110 所示。

2. 仿真分析

（1）开环测试

将开关断开,使放大器处于开环状态。将信号发生器调至 1 kHz、10 mV 左右,然后接入放大电路的输入端,用示波器观察输入电压波形,为不失真的正弦波。多级电流串联负反馈电路 Multisim 12.0 仿真电路如图 3.111 所示。

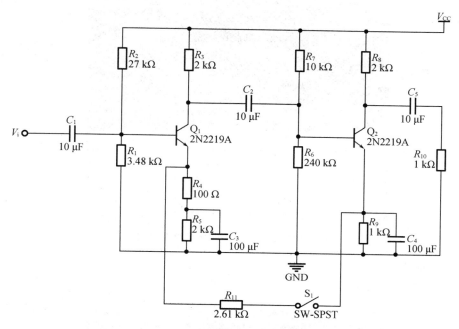

图 3.110　多级电流串联负反馈电路原理图

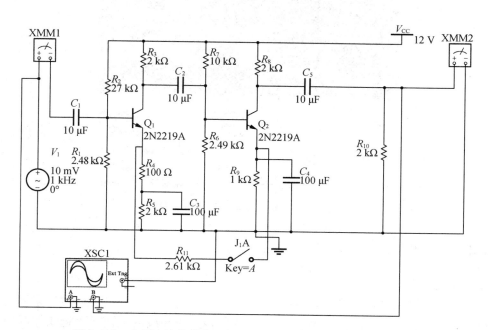

图 3.111　多级电流串联负反馈电路 Multisim 12.0 仿真电路图

多级电流串联负反馈电路开环仿真波形如图 3.112 所示。

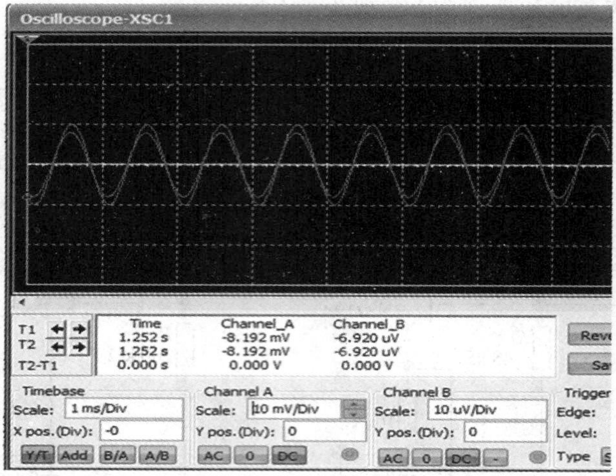

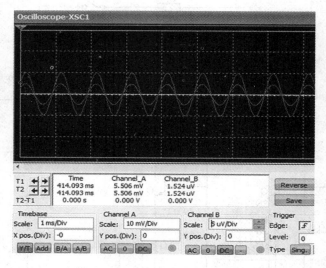

图 3.112　负反馈电路开环仿真波形图

（2）闭环测试

将开关连接，观察示波器波形如图 3.113 所示。

图 3.113　负反馈电路闭环波形图

3.4.4　温度测量与控制器的设计

1.总体设计方案

对温度进行测量、控制，首先必须将温度的度数（非电量）转换成电量，然后采用电子电路实现设计要求。可采用温度传感器，将温度变化转换成相应的电信号。将要控制的温度所对应的电压值作为基准电压 V_{REF}，用实际测量值 v_1 与 V_{REF} 进行比较，比较结果自动地控制、调节系统温度。设定被控温度对应的最大允许值 V_{max}，当系统实际温度达到此对应值

V_{max} 时,发生报警信号。温度测量与控制器的设计原理框图如图 3.114 所示。

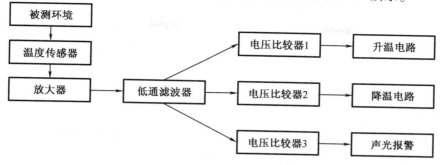

图 3.114　温度测量与控制器的设计原理框图

温度测量与控制器原理图如图 3.115 所示。温度传感器采用铂电阻、精密电阻和电位器组成测量电桥,由 R_3, R_4, R_5, R_6 组成。电桥输出电压作为运放构成的差动放大器 U_1 的双端输入信号,将信号放大后由低通滤波器将高频信号滤去。被测温度信号电压加于比较器 U_3、U_4 与控制温度电压进行比较,若电压信号小于基准信号,电路正常运行。但当输出电路温度超过该范围,基准信号小于电压信号时,电路出现温度过高或者过低问题,D_1、D_2 灯亮。比较结果通过调温控制电路控制执行机构的相应动作,使被测系统升温或降温。

当控制电路出现故障使温度失控时,使被测系统温度达到允许最高温度对应值 V_{max},用声、光报警电路发出警报,由 U_5、D_3 组成的电路实现此部分功能。

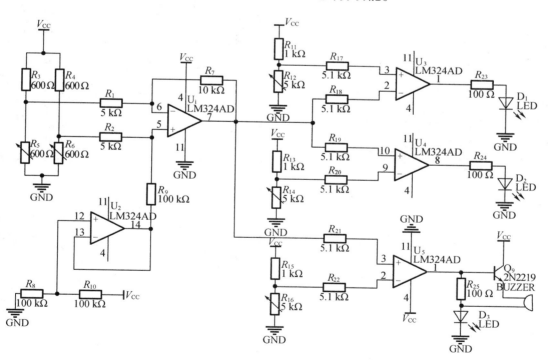

图 3.115　温度测量与控制器原理图

2. 仿真分析

温度测量与控制器的 Multisim 12.0 仿真电路如图 3.116 所示。

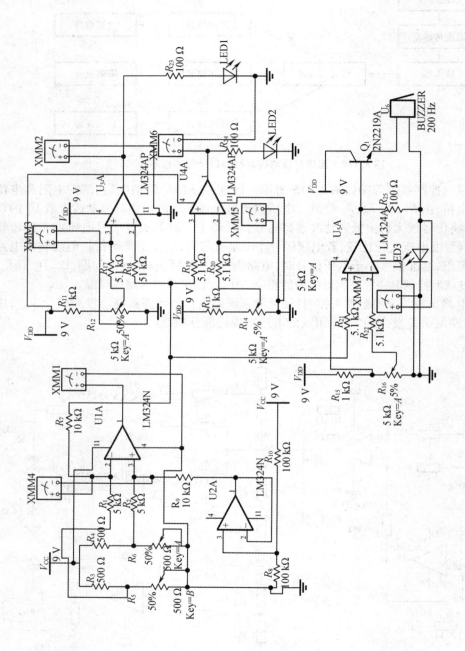

图3.116 温度测量与控制器的Multisim12.0仿真电路图

超过下限,升温操作。调节滑动变阻器,使不同的 LED 灯发光,实现不同的温度控制结果。温度测量与控制器超过下限仿真结果如图 3.117 所示。

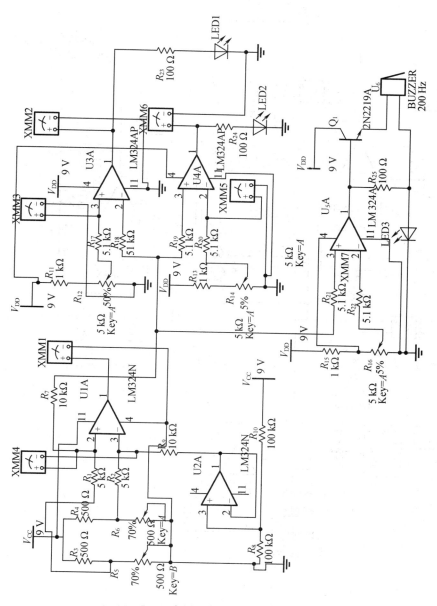

图 3.117 温度测量与控制器超过下限仿真结果图

超过上限,降温操作。温度测量与控制器超过上限仿真结果如图 3.118 所示。

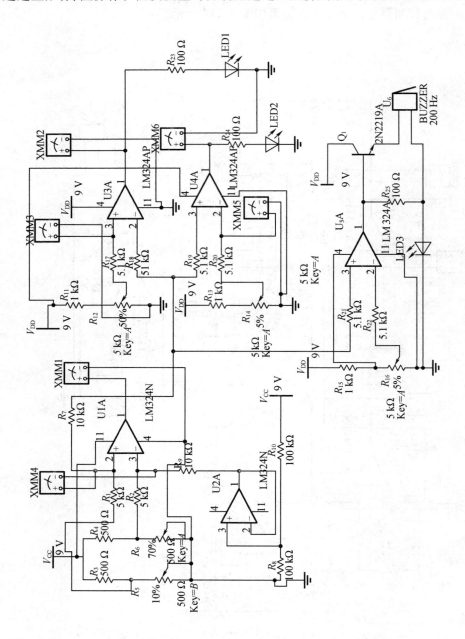

图 3.118 温度测量与控制器超过上限仿真结果图

超限报警仿真结果如图 3.119 所示。

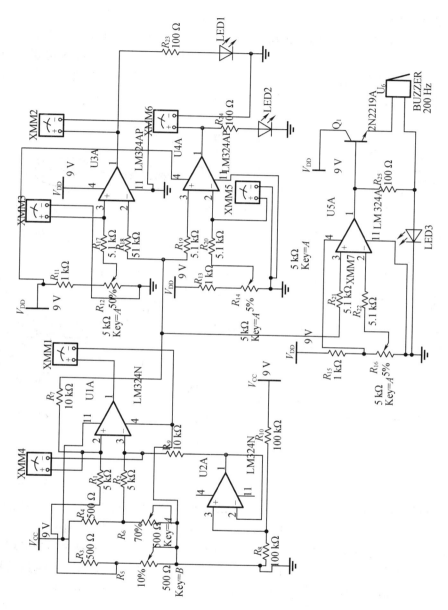

图 3.119　温度测量与控制器超限报警仿真结果图

3.4.5　多种波形发生器的设计

1.总体设计方案

在电路中,采用运放 U1、U2 构成正反馈电路,形成自激振荡。同时,U1 起到比较器的作用;U2 是起反向积分的作用。由 U1 输出正负对称的方波,输出电压经过电阻分压后输入 U2 反相端,经 U2 积分运算后,输出三角波;输出的三角波再经 RC 低通滤波器后输出正弦波。多种波形发生器的设计框图如图 3.120 所示。

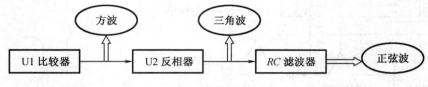

图 3.120　多种波形发生器的设计框图

多种波形发生器的原理图如图 3.121 所示。

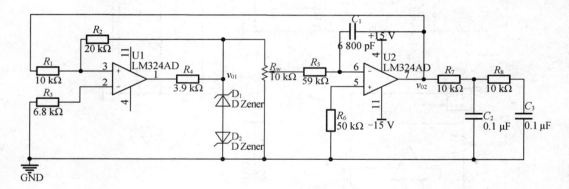

图 3.121　多种波形发生器的原理图

（1）方波产生电路的工作原理

因为方波只有两种状态,不是高电平,就是低电平,所以电压比较器是它的重要组成部分;因为产生震荡,要求输出的两种状态自动地相互转换,所以电路中必须引入反馈。输出状态要按照一定的时间间隔交替变化,即产生周期性变化,所以电路中要放入延迟环节来确定每种状态维持的时间。R_1、R_2 组成了正反馈网络。当有输出电压 v_{o1} 时,反馈到同相端的电压使运放起比较器的作用。它利用稳压管 D_1、D_2 的稳定电压 $-V_Z$ 和 $+V_Z$ 进行比较,决定 v_{o1} 的正负极性。

（2）方波转换成三角波电路的工作原理

当 $v_{o1} = +V_Z$ 时,电容 C_1 充电,同时 v_{o2} 按线性逐渐下降,当使 U1 的 V_P 略低于 V_N 时,v_{o1} 从 $+V_Z$ 跳变为 $-V_Z$;在 $v_{o1} = -V_Z$ 后,电容 C_1 开始放电,v_{o2} 按线性上升,当使 U1 的 V_P 略大于 V_N 时,v_{o1} 从 $-V_Z$ 跳变为 $+V_Z$,如此周而复始,产生震荡。v_{o2} 的上升时间和下降时间相等,斜率绝对值也相等,故 v_{o2} 为三角波。

（3）滤波电路工作原理

滤波电路由一个电阻 R 和一个电容 C 构成，允许低频信号通过，将高频信号衰减。RC 滤波器电路简单，抗干扰性强，有较好的低频性能，并且选用标准的阻容元件易得。

2. 仿真分析

多种波形发生器的 Multisim 12.0 仿真电路如图 3.122 所示。R_1、R_2 组成了正反馈网络，R_3、R_6 为补偿电阻，保证电路的对称性。R_4 为限流电阻，D_1、D_2 构成稳压管限幅电路，从而获得合适的输出电压。U1A 为比较器，R_5、C_1 与 U2B 构成反向积分电路，实现方波到三角波的转换。R_9 调节波形幅度，R_7、C_2 与 R_8、C_3 构成两个低通滤波器，实现三角波到正弦波的转换。

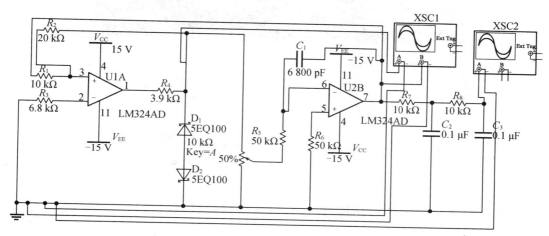

图 3.122 多种波形发生器的 Multisim 12.0 仿真电路图

示波器 1：显示 U1 输出的方波和 U2 输出的三角波。仿真波形如图 3.123 所示。

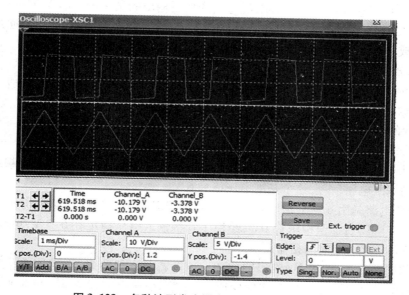

图 3.123 多种波形发生器产生的方波和三角波图

示波器2:显示的为低通滤波器输出的正弦波。仿真波形如图3.124所示。

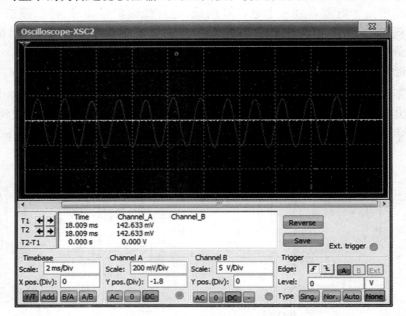

图 3.124　多种波形发生器的仿真波形图

3.4.6　电流 – 电压转换电路

1.总体设计方案

电流 – 电压转换电路原理图如图3.125所示。该电路由两级放大器组成,第一级是由U_1组成的差动式放大器,第二级是由U_2组成的放大倍数为2.5的电压放大器。电路的输入端输入的是4~20 mA的检测电流,经电路变换后输出的是 – 10~10 V的电压信号。

运算放大器U_1组成一个差动放大器,输入信号电流由A、B端输入。U_1通过反馈电阻R_4和R_{P1}组成一个放大倍数为1的差动放大器,其放大倍数由$(R_4 + R_{P1})/R_2$确定。调节R_{P1}可使放大器的放大倍数准确地调整为1。

4~20 mA的信号电流通过在输入信号取样电阻R_1上的压降,在C点形成一个范围为2~10 V的输入电压。这个电压加至U_1的两个输入端,经反相放大后,在输出端输出 – 10~ – 2 V的电压。这一电压又通过R_6加至U_2的输入端进行进一步放大。

运算放大器U_2实际上是一个加法器,它的同相输入端有两个输入信号:一个是由U_1输入的测量电压信号,即通过R_6输入的 – 10~ – 2 V的电压信号;另一个是由基准电压电路经R_7输入的基准电压信号,这个基准电压值为6 V。

基准电压电路是由6.9 V稳压管DW、压降电阻R_8及调节电位器R_{P2}组成的。15 V的电源电压经R_8降压后加至稳压管DW,经稳压管将输入电压稳定在6.9 V,再经R_{P2}将其调整至6 V,经R_7加至U_2的同相输入端。

在U_2的同相输入端,由U_1输出的 – 10~ – 2 V电压和由R_{P2}输出的6 V固定电压相加:当U_1输出 – 2 V时,与6 V相加后变成4 V;当U_1输出 – 10 V时,与6 V相加后变成 – 4 V。这样,当U_1输入端的输入电流在4~20 mA范围内变化时,U_2的同相输入端的输入

电压对应地在 −4 ~4 V 范围内变动。这个输入电压经过 U_2 的 2.5 倍放大后,便使输出端输出 −10 ~10 V 的电压信号。U_2 的放大倍数可通过 R_{P3} 进行调整。

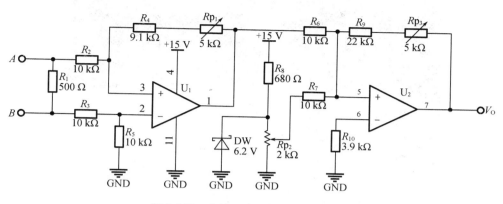

图 3.125　电流 − 电压转换电路原理图

2. 仿真分析

电流 − 电压转换电路仿真图如图 3.126 所示。

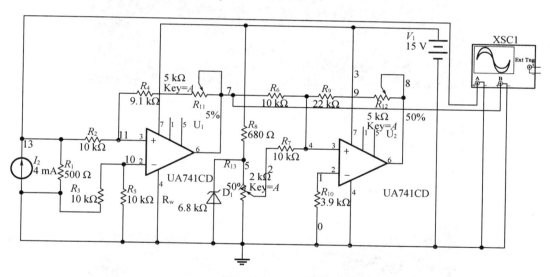

图 3.126　电流 − 电压转换电路仿真图

4 ~20 mA 的信号电流通过在输入信号取样电阻 R_1 上的压降,在 C 点形成一个范围为 2 ~10 V 的输入电压。

当输入为 4 mA 时,输出为 2 V,C 点仿真结果如图 3.127 所示。

当输入为 20 mA 时,输出为 10 V,C 点仿真结果如图 3.128 所示。

C 点电压加至 U_1 的输入端,经反相放大后,在输出端输出 −10 ~ −2 V 的电压。

当输入为 4 mA 时,输出为 −2 V,U_1 的仿真结果如图 3.129 所示。

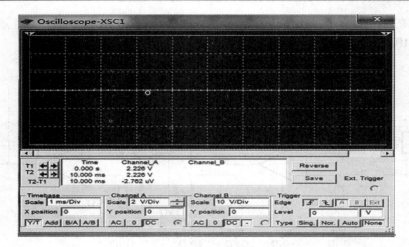

图 3.127 C 点仿真波形图(输入为 4 mA)

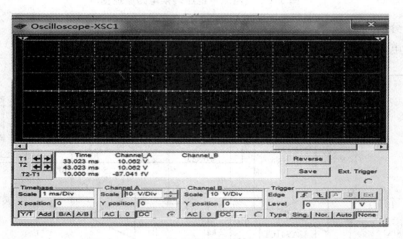

图 3.128 C 点仿真波形图(输入为 20 mA)

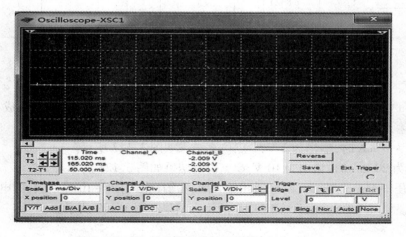

图 3.129 U_1 输出端仿真波形图(输入为 4 mA)

当输入为 20 mA 时,输出为 – 10 V,U_1 的仿真结果如图 3.130 所示。

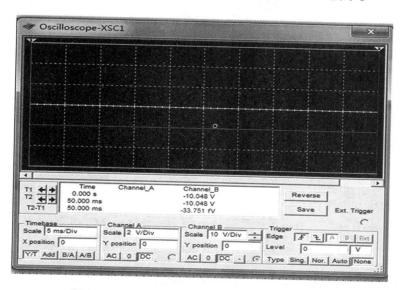

图 3.130 U_1 输出端仿真波形图(输入为 20 mA)

当 U_1 输入端的输入电流在 4 ~ 20 mA 范围内变化时,U_2 的输出端输出 – 10 ~ 10 V 的电压信号。

当输入为 4 mA 时,输出为 – 10 V,U_2 输出端仿真结果如图 3.131 所示。

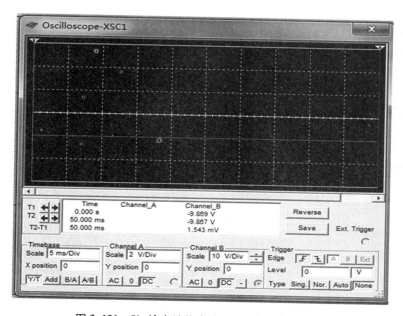

图 3.131 U_2 输出端仿真波形图(输入为 4 mA)

当输入为 20 mA 时,输出为 10 V,U_2 输出端仿真结果如图 3.132 所示。

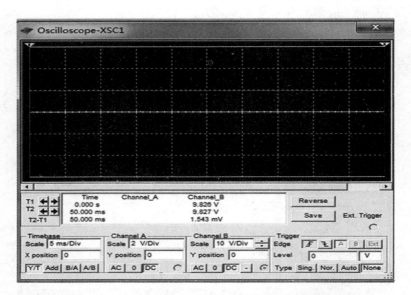

图 3.132   U₂ 输出端仿真波形图(输入为 20 mA)

当 U₁ 输入端的输入电流在 4~20 mA 范围内变化时,输出端输出 −10~10 V 的电压信号,该电路的仿真结果满足设计要求。

第4章

数字电子技术课程设计

4.1 数字电子技术课程设计概述

数字电子技术课程设计是电子技术基础教学中的一个实践环节,学生通过自己设计和搭建一个实用电子产品雏形,巩固和加深在数字电子技术课程中的理论基础和实验中的基本技能,本课程可以训练学生制作电子产品时的动手能力。通过该课程设计,学生可以设计出符合任务要求的电路,掌握通用电子电路的一般设计方法和步骤,提高在文献检索、资料利用、方案比较和元器件选择等方面的综合能力,同时为毕业设计和毕业以后从事电子技术方面的科研与开发打下一定的基础。

4.1.1 数字电路特点

数字电路中输入、输出信号是数字信号,数字信号只有高电平、低电平两种状态(分别表示二进制数 1 或 0)。对数字电路的要求是在输出、输入信号之间实现一定的逻辑关系。

4.1.2 数字电路课程设计注意事项

(1)能够较全面地巩固和应用"数字电子技术"课程中所学的基本理论和基本方法,并初步掌握小型数字系统设计的基本方法。

(2)能合理、灵活地应用各种标准集成电路(SSI,MSI,LSI 等)器件实现规定的数字系统。

(3)培养独立思考、独立准备资料、独立设计规定功能的数字系统的能力。

(4)培养独立进行实验,包括电路布局、安装、调试和排除故障的能力。

(5)培养书写综合设计实验报告的能力。

一个复杂的数字电路往往使用上千个门电路,在设计和分析电路时,把每一个门电路的具体电路都详细地画出来并加以分析,那将是一个非常艰巨的工作。

实际上,设计和分析数字电路主要是分析它们的逻辑功能。这些逻辑功能是由各种逻辑部件完成的。门电路就是逻辑部件的一种。因此,在数字电路图中一般只需表示出用的是什么逻辑部件,以及这些部件之间存在什么样的逻辑关系就行了。至于逻辑部件内部的电路组成则无需过问。

在各种复杂的数字电路中需要对二进制信号进行算术和逻辑运算。用以实现基本逻辑运算和复合逻辑运算的单元电路称为门电路,它是数字电路的基本逻辑单元之一。除此外,在数字电路中还经常需要将二值信号和运算结果保存起来,即需要使用具有记忆功能的基本逻辑单元。能够存储1位二进制信号的基本单元电路统称为触发器,它是数字系统的另一种基本逻辑单元。根据电路实现的逻辑功能的不同特点,可将数字电路分为组合逻辑电路和时序逻辑电路,前者不含有存储单元。不同的电路有不同的分析方法,但是它们都是以逻辑代数为基础的。

在设计和分析数字电路的逻辑关系时,常使用四种方法,即逻辑图、真值表、逻辑函数表达式和卡诺图。在实际应用中,逻辑图和真值表是最常用的,而逻辑函数表达式和卡诺图主要供设计人员在设计数字逻辑电路时使用。逻辑图是指用逻辑符号组成的电路图,而真值表是使用逻辑"1"和逻辑"0"列表表示逻辑关系的一种方法。

4.1.3　数字电路课程设计基本要求

根据设计任务,从选择设计方案开始,进行电路设计;选择合适的器件,画出设计电路图;通过安装、调试,直至实现任务要求的全部功能。对电路要求布局合理,走线清晰,工作可靠,经验收合格后,写出完整的课程设计报告。

电子电路的一般设计方法和步骤是:分析设计任务和性能指标,选择总体方案,设计单元电路,选择器件,计算参数,画总体电路图,进行仿真试验和性能测试。实际设计过程中,往往反复进行以上各步骤才能达到设计要求,需要灵活掌握。

1. 总体方案选择

设计电路的第一步就是选择总体方案,根据提出的设计任务要求及性能指标,用具有一定功能的若干单元电路组成一个整体,来实现设计任务提出的各项要求和技术指标。

设计过程中,往往有多种方案可以选择,应针对任务要求,查阅资料,权衡各方案的优缺点,从中选优。

2. 单元电路的设计

设计单元电路的一般方法和步骤:

(1)根据设计要求和选定的总体方案原理图,确定各单元电路的设计要求,必要时应详细拟定主要单元电路的性能指标。

(2)拟定出各单元电路的要求后,对它们进行设计。

(3)单元电路设计应采用符合的电平标准。

3. 元器件的选择

针对数字电路的课程设计,在搭建单元电路时,对于特定功能单元选择主要集成块的余地较小。例如,时钟电路选 NE555,转换电路选 ADC0809,译码及显示驱动电路也都相对固定。但由于电路参数要求不同,还需要通过选择参数来确定集成块型号。一个电路设计,单用数字电路课程内容是不够的,往往同时掺有线性电路元件和集成块,因此还需对相应内容熟悉,比如运算放大器的种类和基本用法,集成比较器和集成稳压电路的特性和用法。总之,构建单元电路时,选择器件的电平标准和电流特性很重要。普通的门电路、时序逻辑电路、组合逻辑电路、脉冲产生电路、数模和模数转换电路、采样和存储电路等,参数选择恰当可以发挥其性能并节约设计成本。

单元电路设计过程中,阻容元件的选择也很关键。它们的种类繁多,性能各异。优选的电阻和电容辅助于数字电路的设计可以使其功能多样化、完整化。

4. 单元电路调整与连调

数字电路设计以逻辑关系为主体,因此各单元电路的输入输出逻辑关系与它们之间的正确传递决定了设计内容的成败。具体步骤要求每一个单元电路都须经过调整,有条件情况下可应用逻辑分析仪进行测试,确保单元正确。各单元之间的匹配连接是设计的最后步骤,主要包含两方面,分别是电平匹配和驱动电流匹配。它也是整个设计成功的关键一步。

5. 衡量设计的标准

工作稳定可靠;能达到预定的性能指标,并留有适当的余量;电路简单,成本低,功耗低;器件数目少,集成体积小,便于生产和维护。

6. 课程设计报告内容要求

对设计课题进行简要阐述,根据设计任务及其具体要求,给出总体设计方案方框图及各部分电路原理图,对原理图要有详尽阐述和分析。

7. 调试结果记录

记录测试数据。软件仿真包括各个模块的仿真和整体电路的仿真,对仿真必须有说明;硬件仿真要给出各个输入信号的具体波形和输出信号的测试结果,并且对所需数据进行记录。

8. 总结与体会

课程设计报告应内容完整、字迹工整、图表整齐、数据翔实。

4.2　实用单元电路

4.2.1　信号变换电路

1. 信号变换电路的种类

(1)电压 – 电流变换(VCC)和电流 – 电压变换(CVC)电路。

(2)波形变换电路。

(3)电压 – 频率变换(VFC)与频率 – 电压变换(FVC)电路。

(4)数字量 – 模拟量变换(DAC)与模拟量 – 数字量变换(ADC)电路。

(5)变频、倍频与分频变换电器。

(6)正弦载波信号的调制与解调,其中包括幅度调制(AM)及解调、频率调制(FM)及解调等。

(7)脉冲调制及解调,包括脉冲幅度调制(PAM)及解调、脉冲宽度调制(PDM 和 PWM)及解调、脉冲位置调制(PPM)及解调等。

(8)脉冲编码调制(PCM)和增益调制(AM)、振幅键控(ASK)、频率键控(FSK)和相位键控（PSK）等数字调制。

2. 频率电压转换电路

LM331 是精密频率电压转换器。LM331 可以进行从 5 V 至 30 V DC 之间的任何操作。R_3 的值取决于电源电压的方程式 $R_3 = (VS - 2\ V)/(2\ mA)$，式中，$VS = 15\ V$，$R_3 = 68\ k\Omega$。输出电压取决于方程 $UT = [R_4/(R_5 + R_6)]R_1C_1 2.09\ VR_6$。LM331 可用于校准电路，如图 4.1 所示。

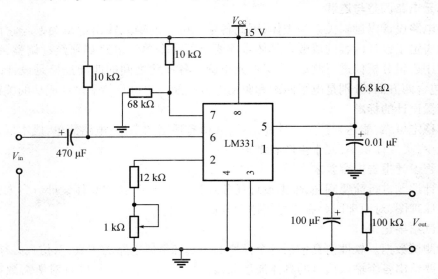

图 4.1　频率电压转换电路

3. 电压频率转换电路

TD650 是高精度、高频型单片集成频率电压（F/V）变换电路，TD650 可构成廉价高分辨率低速 A/D 转换器、远距离隔离信号传输电路、锁相环电路、调制解调电路、精密步进马达速度控制电路、窄带滤波电路；在 F/V 模式下，可构成精密转速表、FM 解调电路等。TD650 电压频率转换电路如图 4.2 所示，其特点如下。

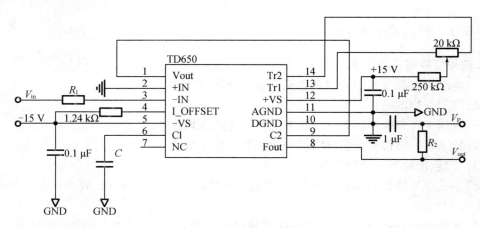

图 4.2　电压频率转换电路

（1）工作频率高，V/F 变换工作频率可达 1 MHz。

（2）非常低的非线性度。

满度输出频率为 10 kHz 时,非线性度典型值为 0.002%。

满度输出频率为 100 kHz 时,非线性度典型值为 0.005%。

满度输出频率为 1 MHz 时,非线性度典型值为 0.07%。

（3）输出失调电压可调节为零。

（4）频率输出与 CMOS 或 TTL 兼容。

（5）输入电压范围大,输出方式可以是单极性、双极性或差动输入电压。

（6）外围电路简单,既可做 V/F 变换,又可作 F/V 变换。

（7）具有独立的数字地与模拟地,很容易与标准逻辑电路或光电耦合器接口。

4.2.2　NE555 定时器

NE555 电路在应用和工作方式上一般可归纳为三类。每类工作方式又有很多个不同的电路。在实际应用中,除了单一品种的电路外,还可组合出很多不同电路,例如:多个单稳、多个双稳、单稳和无稳及双稳和无稳的组合等。这样一来,电路变的更加复杂。为了便于我们分析和识别电路,更好地理解 555 电路,这里按 555 电路的结构特点进行分类和归纳,把 555 电路分为三大类、8 种,共 18 个单元电路。

1. 555 触摸定时开关

集成电路 IC1 是一个 555 定时电路,在这里接成单稳态电路。平时由于触摸片 P 端无感应电压,电容 C_1 通过 555 第 7 脚放电完毕时第 3 脚输出为低电平,继电器 K_S 释放,电灯不亮,如图 4.3 所示。

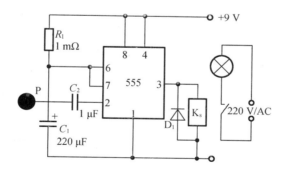

图 4.3　触摸定时开关电路图

当需要开灯时,用手触碰一下金属片 P,人体感应的杂波信号电压由 C_2 加至 555 的触发端,使 555 的输出由低电平变成高电平,继电器 K_S 吸合,电灯点亮。同时,555 第 7 脚内部截止,电源便通过 R_1 给 C_1 充电,这就是定时的开始。当电容 C_1 上的电压上升至电源电压的 2/3 时,555 第 7 脚导通使 C_1 放电,第 3 脚输出由高电平变回到低电平,继电器释放,电灯熄灭,定时结束。定时长短由 R_1、C_1 决定:$T_1 = 1.1R_1C_1$。根据图 4.3 中所标参数计算可得定时时间约为 4 分钟。D_1 可选用 1N4148 或 1N4001。

2. 相片曝光定时器

图 4.4 是用 555 电路制成的相片曝光定时器,从图中可以看到,输入端 6、2 并接在 *RC*

串联电路中,所以这是一个单稳电路,R_1 和 R_P 是定时电阻,C_1 是定时电容。

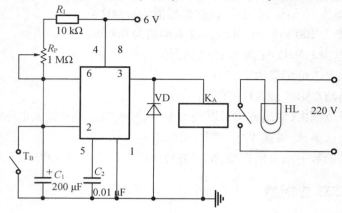

图 4.4　相片曝光定时器电路图

电路在通电后,C_1 上电压被充到 6 V,输出 $V_0 = 0$,继电器 K_A 不吸动,常开接点是打开的,曝光灯 HL 不亮。这是它的稳态。按下 T_B 后,C_1 快速放电到零,输出 $V_0 = 1$ V,继电器 K_A 吸动,点亮曝光灯 HL,暂稳态开始。T_B 放开后电源向 C_1 充电,当 C_1 上电压升到 4 V 时,暂稳态结束,定时时间到,电路恢复到稳态。输出翻转成 $V_0 = 0$,继电器 K_A 释放,曝光灯熄灭。电路定时时间是可调的,大约是 1 s ～ 2 min。

3. 单电源变双电源电路

在图 4.5 所示电路中,时基电路 555 接成无稳态电路,3 脚输出频率为 20 kHz、占空比为 1:1 的方波。3 脚为高电平时,C_4 被充电;低电平时,C_3 被充电。由于 VD_1、VD_2 的存在,C_3、C_4 在电路中只充电不放电,充电最大值为 E_C,将 B 端接地,在 A、C 两端就得到 E_C 和 $-E_C$ 的双电源。本电路输出电流超过 50 mA。

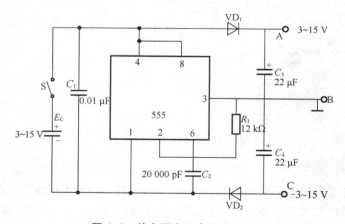

图 4.5　单电源变双电源电路图

4. 简易催眠器

时基电路 555 可以构成一个极低频振荡器,输出一个个短的脉冲,使扬声器发出类似雨滴的声音。扬声器采用 2 in、8 Ω 小型动圈式。雨滴声的速度可以通过 100 kΩ 电位器来调节到合适的程度。如果在电源端增加一个简单的定时开关,则可以在使用者进入梦乡后及时切断电源,如图 4.6 所示。

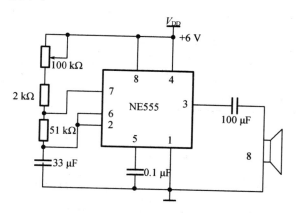

图 4.6　简易催眠器电路图

5. 直流电动机调速控制电路

这是一个占空比可调的脉冲振荡器。电动机 M 是用它的输出脉冲驱动的,脉冲占空比越大,电动机驱动电流就越小,转速减慢;脉冲占空比越小,电动机驱动电流就越大,转速加快。因此调节电位器 R_P 的数值可以调整电机的速度。如电机驱动流不大于 200 mA 时,可用 NE555 直接驱动;如电流大于 200 mA,应增加驱动级和功放级。图 4.7 中 VD_3 是续流二极管,在功放管截止期间为电动机驱动提供通路,既保证电动机驱动的连续性又防止电动机驱动线圈的自感反电动势损坏功放管。电容 C_2 和电阻 R_3 是补偿网络,它可使负载呈电阻性。整个电路的脉冲频率选在 3~5 kHz。频率太低电机会抖动,太高时因占空比范围小使电机调速范围减小。

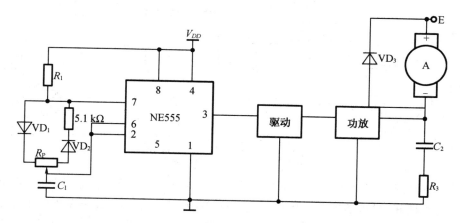

图 4.7　直流电动机调速控制电路图

6. 用 555 制作的 D 类放大器

图 4.8 是用 555 电路制作的简易 D 类放大器,它是利用 555 电路构成的一个可控的多谐振荡器,音频信号输入到控制端得到调宽脉冲信号,基本能满足一般的听音要求。

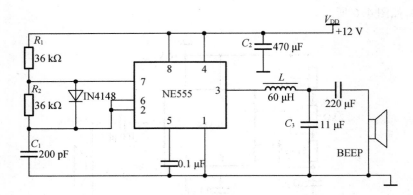

图 4.8　用 555 电路制作的 D 类放大器电路图

由 NE555 和 R_1，R_2，C_1 等组成 100 kHz 可控多谐振荡器，占空比为 50%，控制端 5 脚输入音频信号，3 脚便得到脉宽与输入信号幅值成正比的脉冲信号，经 L、C_3 解调、滤波后推动扬声器。

7. 风扇周波调速电路

这里介绍一个电风扇模拟阵风周波调速电路，可以为我们家里的老式风扇增加一个实用功能，如图 4.9 所示。

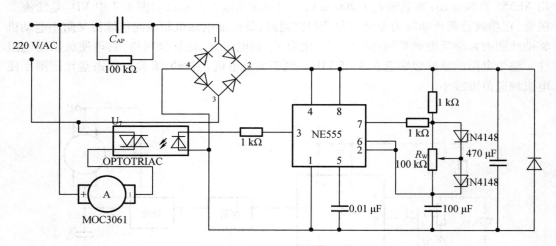

图 4.9　风扇周波调速电路图

电路中 NE555 接成占空比可调的方波发生器，调节 R_W 可改变占空比。在 NE555 的 3 脚输出高电平期间，过零通断型光电耦合器 MOC3061 初级得到约 10 mA 正向工作电流，使内部硅化镓红外线发射二极管发射红外光，过零检测器中光敏双向开关在市电过零时导通，接通电风扇电机电源，风扇运转送风。在 NE555 的 3 脚输出低电平期间，双向开关关断，风扇停转。

8. 电热毯温控器

一般电热毯有高温、低温两挡。使用时，拨在高温挡，入睡后总被热醒；拨在低温挡，有时醒来会觉得温度不够。这里介绍一种电热毯温控器，它可以把电热毯的温度控制在一个合适的范围。电热毯温控器工作原理如图 4.10 所示，图中 IC 为 NE555 时基电路。R_{P3} 为温控调节电位器,其滑动臂电位决定 IC 的触发电位 V_2 和阈电位 V_f,且 $V_5 = V_f = 2\ V_z$。220 V 交流电压经 C_1、R_1 限流降压,D_1、D_2 整流、C_2 滤波,D_W 稳压后,获得 9 V 左右的电压供 IC 用。室温下接通电源,因已调 V_2,$V_6 \geq V_f$ 时,IC 翻转,3 脚变为低电平,BCR 截止,电热丝停止发热,温度开始逐渐下降,BG1 的 ICEO 随之逐渐减小,V_2、V_6 降低。

BG1 可选用 3AX、3AG 等 PNP 型锗管,BCR 用 400 V 以上的小型双向可控硅,其他元件可按图 4.10 中标的选用。

制作要点:热敏传感器 BG1 可用耐温的细软线引出,并将其连同管脚接头装入一电容器铝壳内,注入导热硅脂,制成温度探头。使用时,把该温度探头放在适当部位即可。

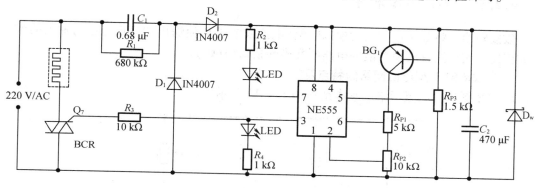

图 4.10　电热毯温控器电路图

9. 多用途延迟开关电源插座

家用电器、照明灯等电源的开或关,常常需要在不同的时间延迟后进行,本电源插座即可满足这种不同的需要。

多用途延迟开关电源插座的工作原理:电路如图 4.11 所示,它由降压、整流、滤波及延时控制电路等部分组成。

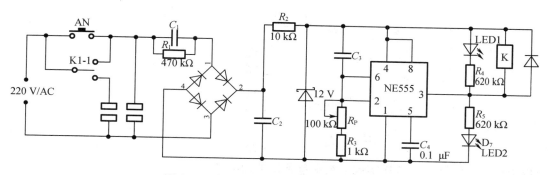

图 4.11　多用途延迟开关电源插座电路图

按下 AN,12 V 工作电压加至延迟器上,这时 NE555 的 2 脚和 6 脚为高电平,NE555 的 3 脚输出为低电平,因此继电器 K 得电工作,触点 K1 −1 向上吸合,这时"延关"插座得电,而"延开"插座无电。

这时电源通过电容器 C_3、电位器 R_P、电阻器 R_3 至"地",对 C_3 进行充电,随着 C_3 上的电压升高,NE555 的 2、6 脚的电压越来越往下降,当此电压下降至 2/3 Vcc 时,NE555 的 3 脚输出由低电平跳变为高电平,这时继电器将失电而不工作,则其控制触点恢复原位,"延关"插座失电,而"延开"插座得电。这样就满足了不同的需求,LED1、LED2 作相应的指示。

本电路只要元器件是好的,装配无误,装好即可正常工作。

延时时间由 C_3 及 $R_P + R_3$ 的值决定,$T \approx 1.1 C_3 (R_P + R_3)$。$R_P$ 指有效部分,C_3 可用数十 pF 至 1 000 μF 的电容器,$(R_P + R_3)$ 的值可取 2 kΩ ~ 10 MΩ。

C_1 的耐压值应 ≥ 400 V,R_1 的功率应 ≥ 2 W,AN 按钮开关可选用 K – 18 型的,继电器的型号为 JQX – 13F – 12V。其他元器件无特殊要求。

4.2.3 A/D、D/A 电路

数模转换是将数字量转换为模拟电量(电流或电压),使输出的模拟电量与输入的数字量成正比。实现这种转换功能的电路叫数模转换器(DAC)。

1. $R - 2R$ 倒 T 型电阻网络的特点及转换原理

$R - 2R$ 倒 T 型电阻网络的基本结构如图 4.12 所示。

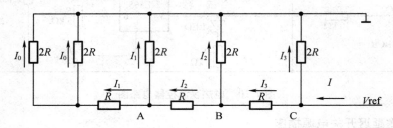

图 4.12 $R - 2R$ 倒 T 型电阻网络的等效电路图

这是一个四级的 T 型网络,电阻值为 R 和 $2R$ 的电阻构成 T 型电阻网络,各级电流分别为

$$I = \frac{V_R}{R}$$

$$I_3 = \frac{1}{2}I = \frac{V_R}{2R}$$

$$I_2 = \frac{1}{2}I_3 = \frac{1}{2}\frac{V_R}{2R}$$

$$I_1 = \frac{1}{2}I_2 = \frac{1}{4}\frac{V_R}{2R}$$

$$I_0 = \frac{1}{2}I_1 = \frac{1}{8}\frac{V_R}{2R}$$

可以类推到 n 级网络。这样实现了数字量到模拟量的转换。

T 型网络的输出也可以接至运算放大器的同相和反相两个输入端,如图 4.13 所示。这种结构也称为倒 T 型电阻网络 D/A 转换器。

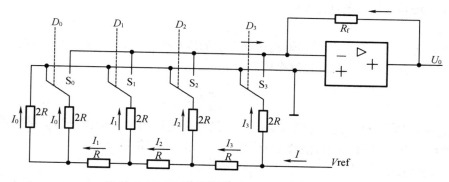

图 4.13　倒 T 型电阻网络 D/A 转换器电路图

求和运算放大器的输出电压为（当 $R_F = R$ 时）

$$U_0 = -\frac{V_{REF}}{2^4 R} R_F (2^3 D_3 + 2^2 D_2 + 2^1 D_1 + 2^0 D_0)$$

$$= -\frac{V_{REF}}{2^4 R} (2^3 D_3 + 2^2 D_2 + 2^1 D_1 + 2^0 D_0)$$

由于倒 T 型电阻网络流过各支路的电流恒定不变,故在开关状态变化时,不需电流的建立时间,所以该电路转换速度高,在数模转换器中被广泛采用。

2. 电子模拟开关

在各种 D/A 转换器中,几乎都要用到电子模拟开关。例如,T 型网络中的 $S_0 \sim S_3$ 就是电子模拟转换开关,这些开关的输入信号是数字信号,即只有 0 和 1 两个状态。图 4.14 为 COMS 模拟开关的电路原理图。

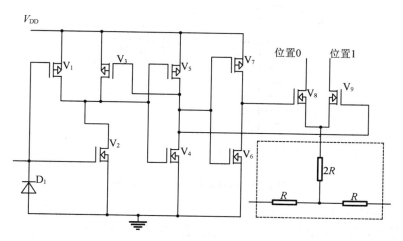

图 4.14　COMS 模拟开关的电路原理图

在图 4.14 中,V_1,V_2,V_3 和保护二极管 D_1 组成输入级,V_4,V_5 和 V_6,V_7 组成两级反相器。两级反相器的输出信号总是相反的,它们分别去控制输出管 V_8,V_9,因此 V_8 和 V_9 总是一个导通一个截止。

3. D/A 转换器的主要技术参数

（1）分辨率

分辨率是指 D/A 转换器模拟输出所能产生的最小电压变化量与满刻度输出电压之比。对于一个 n 位的 D/A 转换器，分辨率可表示为

$$分辨率 = \frac{U_{LSB}}{U_{FSK}} = \frac{1}{2^n - 1}$$

式中，U_{FSK} 为满刻度电压，U_{LSB} 为输入高位为零只有最低位为 1 时输出电压。分辨率与 D/A 转换器的位数有关，位数越多，能够分辨的最小输出电压变化量就越小。

（2）转换精度

转换精度是指 D/A 转换器实际输出的模拟电压与理论输出模拟电压的最大误差。通常要求 D/A 转换器的误差小于 $U_{LSB}/2$。

（3）转换速度

转换速度是指从送入数字信号起，到输出电流或电压达到稳态值所需要的时间，因此也称输出建立时间。有时产品手册上也给出输出上升到满刻度的某一百分数所需时间作为输出建立时间，如数字输入从全 0 变为全 1 到输出达到稳态值的 $\pm\frac{1}{2}$ LSB 所需时间。对于 T 型电阻网络，D/A 转换器转换时间 t 大约为几百毫秒至几微秒。D/A 转换器的技术指标还有其他一些，如线形度、输入高低逻辑电平值、温度系数、输出范围、功率消耗等。

4. 集成 D/A 转换器

（1）DAC0832

DAC0832 是 CMOS 工艺，共 20 管引脚，其管脚排列如图 4.15 所示。

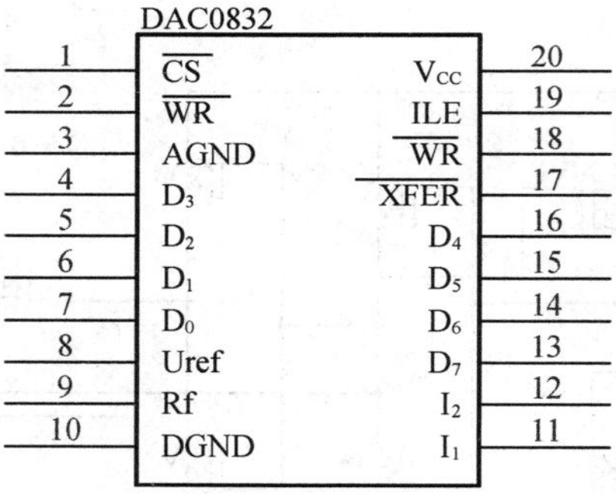

图 4.15　DAC0832 管脚排列图

由于 DAC0832 转换输出是电流，所以当要求转换结果不是电流而是电压时，可以在 DAC0832 的输出端接一运算放大器，将电流信号转换成电压信号。

（2）CDA7524

CDA7524 是 CMOS 8 位并行 D/A 转换器。电源电压 V_{DD} 可在 5～15 V 之间选择。CDA7524 包含电阻网络、电子模拟开关及数据锁存器，还有片选控制和数据输入控制端，便于和微处理器进行接口的 D/A 转换，多用于微机控制系统中。其工作原理如图 4.16 所示。

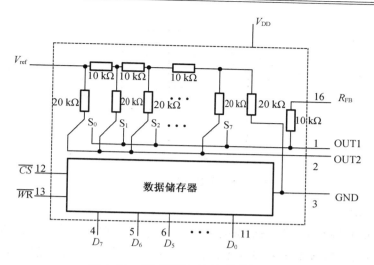

图 4.16　CDA7524 的工作原理图

5. A/D 转换的一般过程

（1）采样 – 保持

采样是对模拟信号进行周期性地抽取样值的过程,就是把随时间连续变化的信号转换成在时间上断续、在幅度上等于采样时间内模拟信号大小的一串脉冲。图 4.17 表明了采样过程。U_I 是输入模拟信号,U_0 是采样输出信号。如果采样周期很短,采样时间极小,则所得采样值序列即可代表原模拟信号。为了能不失真地恢复原模拟信号,采样频率应不小于输入模拟信号频谱中最高频率的两倍,即 $f_s \geq 2f_{max}$。

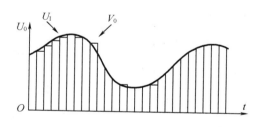

图 4.17　模拟信号的采样过程图

由于 A/D 转换需要一定的时间,所以在每次采样结束后,应保持采样电压值在一段时间内不变,直到下一次采样开始。这就要在采样后加上保持电路,实际采样 – 保持是做成一个电路的。

采样 – 保持电路基本组成如图 4.18 所示,U_S 是采样脉冲信号。电路是由一个存储样值的电容 C 和一个场效应管 T 构成的电子模拟开关及电压跟随运算放大器组成。

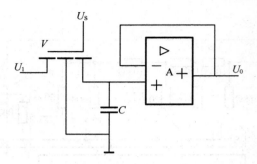

图 4.18　基本采样－保持电路图

（2）量化与编码

经采样保持所得电压信号仍是模拟量,不是数字量。那么量化和编码就是从模拟量产生数字量的过程,亦即 A/D 转换的主要阶段。量化是将采样－保持电路的输出信号进行离散化的过程。离散后的电平称为量化电平。用二进制数表示量化电平即为编码。

划分量化电平的两种方法,如图 4.19 所示。

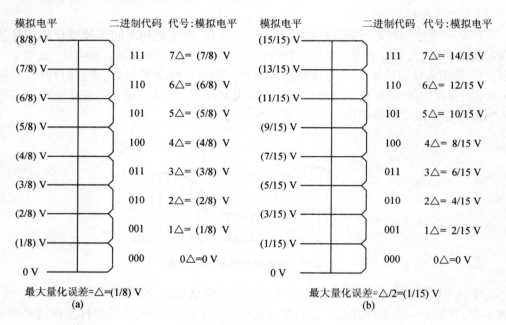

图 4.19　量化比较

（a）量化误差大；（b）量化误差小

6. 逐次逼近型 A/D 转换器

图 4.20 所示电路由 5 个 D 触发器和门 G1,G4 构成控制逻辑电路,其中 5 个 D 触发器组成环形移位寄存器;3 个 RS 钟控触发器作为逐次逼近寄存器;三位 DAC 用来产生反馈参考(比较)电压 Uf;门 G7,G9 输出三位数字量 $D_2D_1D_0$;C 为电压比较器。

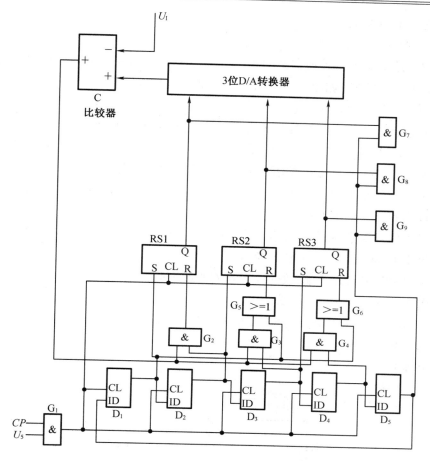

图 4.20　逐次逼近型 A/D 转换器原理图

7. A/D 转换器的主要技术参数

（1）分辨率

分辨率是指 A/D 转换器输出数字量的最低位变化一个数码时，对应输入模拟量的变化量。ADC 的位数越多，量化的阶梯越小，分辨率也就越高。分辨率常以输出二进制码的位数来表示，也可用 ADC 的位数表示。

（2）相对精度

相对精度是指 A/D 转换器实际输出数字量与理论输出数字量之间的最大差值，通常用最低有效位 LSB 的倍数来表示。如相对精度不大于 $\frac{1}{2}$LSB，就说明实际输出数字量与理论输出数字量的最大误差不超过 $\frac{1}{2}$LSB。

（3）转换速度

转换速度是指 A/D 转换器完成一次转换所需要的时间，即从转换开始到输出端出现稳定的数字信号所需要的时间。

8. 集成 A/D 转换器

（1）ADC0809

ADC0809 是 8 位 A/D 转换器,它的转换方法为逐次逼近法。ADC0809 为 CMOS 工艺,其管脚为 28 脚,管脚排列如图 4.21 所示。各个管脚的功能如下。

$IN_0 \sim IN_7$：八个模拟量输入端。

START：启动 A/D 转换,当 START 为高电平时,开始 A/D 转换。

EOC：转换结束信号。当 A/D 转换完毕之后,发出一个正脉冲,表示 A/D 转换结束,此信号可用做 A/D 转换是否结束的检测信号或中断申请信号(加一个反相器)。

C,B,A：通道号地址输入端,C,B,A 为二进制数输入,C 为最高位,A 为最低位,C,B,A 从 000 ～ 111 分别选中通道 IN0 ～ IN7。

ALE：地址锁存信号,高电平有效。当 ALE 为高电平时,允许 C,B,A 表示的通道被选中,并把该通道的模拟量接入 A/D 转换器。

CLK：外部时钟脉冲输入端,改变外接 R,C 可改变时钟频率。

$D_7 \sim D_0$：数字量输出端,D_7 为高位。

V_{REF+},V_{REF-}：参考电压端子,用来提供 D / A 转换器权电阻的标准电平。一般 V_{REF+} = 5 V,V_{REF-} = 0 V

Vcc：电源电压,+5 V。

GND：接地端。

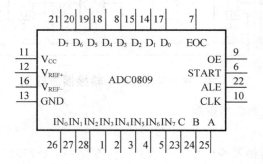

图 4.21　ADC0809 管脚排列图

ADC0809 可以进行八路 A/D 转换,并且这种器件使用时无需进行调零和满量程调整,转换速度和精度属中高档,售价又不贵。所以,一般控制场合采用这些 ADC0809(或 0800 系列)的 A/D 转换片是比较理想的。

（2）CAD571

它由 10 位 D/A 转换器、10 位逐次逼近寄存器及时钟发生器、比较器、三态输出缓冲器、基准电压和控制逻辑等电路组成。它的特点是,内部有时钟发生器和基准电压电路,故不需外接时钟脉冲和基准电压 V_{REF},并能与计算机接口,使用非常方便。CAD571 内部结构原理图如图 4.22 所示。

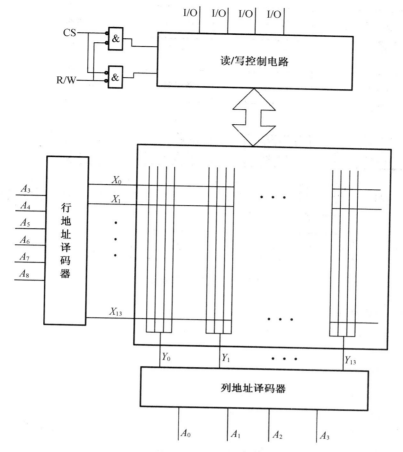

图 4.22 CAD571 内部结构原理图

4.3 数字电路课程设计举例

4.3.1 数字电子钟逻辑电路设计

1. 简述

数字电子钟是一种用数字显示秒、分、时、日的计时装置,与传统的机械钟相比,它具有走时准确、显示直观、无机械传动装置等优点,因而得到了广泛的应用。

数字电子钟框图如图 4.23 所示。

由图 4.23 可见,数字电子钟由以下几部分组成:石英晶体振荡器和分频器组成的秒脉冲发生器;校时电路;六十进制秒、分计数器,二十四进制(或十二进制)计时计数器;秒、分、时的译码显示部分等。

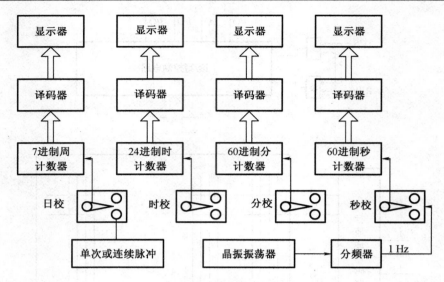

图 4.23　数字电子钟框图

2. 设计任务和要求

用中、小规模集成电路设计一台能显示日、时、分、秒的数字电子钟,要求如下。

(1)由晶振电路产生 1 Hz 标准秒信号。

(2)秒、分为 00 ~ 59 六十进制计数器。

(3)时为 00 ~ 23 二十四进制计数器。

(4)周显示从 1 ~ 日为七进制计数器。

(5)可手动校时:能分别进行秒、分、时、日的校时。只要将开关置于手动位置,可分别对秒、分、时、日进行手动脉冲输入调整或连续脉冲输入的校正。

(6)整点报时。整点报时电路要求在每个整点前鸣叫五次低音(500 Hz),整点时再鸣叫一次高音(1 000 Hz)。

3. 可选用器材

(1)通用实验底板。

(2)直流稳压电源。

(3)集成电路:CD4060,74LS74,74LS161,74LS248 及门电路。

(4)晶振:32 768 Hz。

(5)电容:100 μF/16 V,22 pF,3 ~ 22 pF 之间。

(6)电阻:200 Ω,10 kΩ,22 MΩ。

(7)电位器:2.2 kΩ 或 4.7 kΩ。

(8)数显:共阴显示器 LC5011 - 11。

(9)开关:单次按键。

(10)三极管:8050。

(11)喇叭:1 W/4,8 Ω。

4. 设计方案提示

根据设计任务和要求,对照数字电子钟的框图,可以进行模块化设计。

秒脉冲发生器是数字钟的核心部分,它的精度和稳定度决定了数字钟的质量,通常用晶体振荡器发出的脉冲经过整形、分频获得 1 Hz 的秒脉冲。如晶振为 32 768 Hz,通过 15 次二分频后可获得 1 Hz 的脉冲输出,秒脉冲发生器电路如图 4.24 所示。

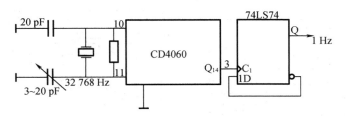

图 4.24　秒脉冲发生器

秒、分、时、日分别为六十、六十、二十四、七进制计数器,秒、分均为六十进制,即显示 00 ~ 59,它们的个位为十进制,十位为六进制。时为二十四进制计数器,显示为 00 ~ 23,个位仍为十进制,而十位为三进制,但当十位进位计到 2,而个位计到 4 时清零,就为二十四进制了。

周为七进制数,按人们一般的概念一周的显示日期为“日、1、2、3、4、5、6”,所以我们设计这个七进制计数器应根据译码显示器的状态表来进行,如表 4.1 所示。按表 4.1 状态不难设计出“日”计数器的电路(日用数字 8 代替)。所有计数器的译码显示均采用 BCD - 七段译码器,采用共阴或共阳的显示器。

表 4.1　状态表

Q_4	Q_3	Q_2	Q_1	显示
1	0	0	0	日
0	0	0	1	1
0	0	1	0	2
0	0	1	1	3
0	1	0	0	4
0	1	0	1	5
0	1	1	0	6

在刚刚开机接通电源时,日、时、分、秒为任意值,所以需要进行调整。置开关在手动位置,分别对日、时、分、秒进行单独计数,计数脉冲由单次脉冲或连续脉冲输入。当时计数器在每次计到整点前六秒时,需要报时,这可用译码电路来解决。即当分为 59 时,则秒在计数计到 54 时,输出一延时高电平去打开低音与门,使报时声按照 500 Hz 的频率鸣叫 5 声,直至秒计数器计到 58 时,结束这高电平脉冲;当秒计数到 59 时,则去驱动高音 1 kHz 频率输出而鸣叫 1 声。

5. 参考电路

数字电子钟逻辑电路参考图如图 4.25 所示。

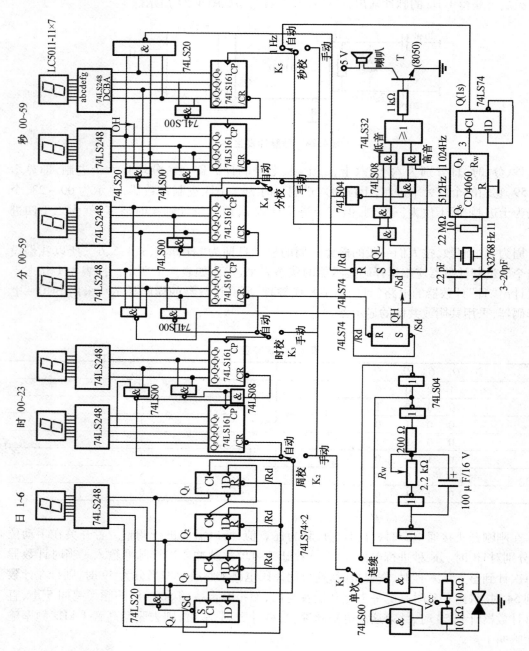

图4.25 数字电子钟逻辑电路参考图

6. 参考电路简要说明

（1）秒脉冲电路

晶振 32 768 Hz 经 14 分频器分频为 2 Hz，再经一次分频，即得 1 Hz 标准秒脉冲，供时钟计数器用。

（2）单次脉冲、连续脉冲

这主要是供手动校时用。若开关 K_1 打在单次端，要调整日、时、分、秒即可按单次脉冲进行校正。如 K_1 在单次，K_2 在手动，则此时按动单次脉冲键，使周计数器从星期 1 到星期日计数。若开关 K_1 处于连续端，则校正时，不需要按动单次脉冲即可进行校正。单次、连续脉冲均由门电路构成。

（3）秒、分、时、日计数器

这部分电路均使用中规模集成电路 74LS161 实现秒、分、时的计数，其中秒、分为六十进制，时为二十四进制。从图 4.25 中可以发现秒、分两组计数器完全相同。当计数到 59 时，再来一个脉冲变成 00，然后再重新开始计数。图 4.25 中利用"异步清零"反馈到/CR 端实现个位十进制、十位六进制的功能。

时计数器为二十四进制。当开始计数时，个位按十进制计数，当计到 23 时，这时再来一个脉冲，应该回到"零"。所以，这里必须使个位既能完成十进制计数，又能在高低位满足"23"这一数字后时计数器清零，图 4.25 中采用了十位的"2"和个位的"4"相与非后再清零。

日计数器电路是由四个 D 触发器组成的（也可以用 JK 触发器），其逻辑功能满足表 4.1，即当计数器计到 6 后，再来一个脉冲，用 7 的瞬态将 Q_4，Q_3，Q_2，Q_1 置数，即为"1000"，从而显示"日"。

（4）译码、显示

译码、显示很简单，采用共阴极 LED 数码管 LC5011 – 11 和译码器 74LS248，当然也可以用共阳数码管和译码器。

（5）整点报时

当计数到整点的前 6 s 时，此时应该准备报时。图 4.25 中，当分计到 59 min，将分触发器 QH 置 1，而等到秒计数到 54 s 时，将秒触发器 QL 置 1，然后 QL 和 QH 相与后再和 1s 标准秒信号相与去控制低音喇叭鸣叫，直至 59 s 时，产生一个复位信号，使 QL 清 0，停止低音鸣叫，同时 59 s 信号的反相又和 QH 相与后去控制高音喇叭鸣叫。当分、秒从 59:59 到 00:00 时，鸣叫结束，完成整点报时。

（6）鸣叫电路

鸣叫电路由高、低两种频率通过或门去驱动一个三极管，带动喇叭鸣叫。1 kHz 和 500 Hz 从晶振分频器近似获得，如图 4.25 中 CD4060 分频器的输出端 Q_3 和 Q_6。Q_3 输出频率为 1 024 Hz，Q_6 输出频率为 512 Hz。

4.3.2　智力竞赛抢答器逻辑电路设计

1. 简述

智力竞赛是一种生动活泼的教育形式和方法，通过抢答和必答两种方式能引起参赛者和观众的极大兴趣，并且能在极短的时间内使人们增加一些科学知识和生活知识。

实际进行智力竞赛时,一般分为若干组,主持人对各组提出的问题分必答和抢答两种。必答有时间限制,到时要告警,回答问题正确与否,由主持人判别加分还是减分,成绩评定结果要用电子装置显示。抢答时,要判定哪组优先,并予以指示和鸣叫。

因此,要完成以上智力竞赛抢答器逻辑功能的数字逻辑控制系统,至少应包括以下几个部分:计分、显示部分,判别选组控制部分,定时电路和音响部分。

2. 设计任务和要求

用 TTL 或 CMOS 集成电路设计智力竞赛抢答器逻辑控制电路,具体要求如下。

(1)抢答组数为 4 组,输入抢答信号的控制电路应由无抖动开关来实现。

(2)判别选组电路。能迅速、准确地判断出抢答者,同时能排除其他组的干扰信号,闭锁其他各路输入,使其他组再按开关时失去作用,并能对抢中者有光、声显示和鸣叫指示。

(3)计数、显示电路。每组有三位十进制计分显示电路,能进行加/减计分。

(4)定时及音响。必答时,启动定时灯亮,以示开始,当时间到要发出单音调"嘟"声,并熄灭指示灯。抢答时,当抢答开始后,指示灯应闪亮。当有某组抢答时,指示灯灭,最先抢答一组的灯亮,并发出音响。也可以驱动组别数字显示(用数码管显示)。回答问题的时间应可调整,分别为 10 s,20 s,50 s,60 s 或稍长些。

(5)主持人应有复位按钮。抢答和必答定时应由手动控制。

3. 可选用器材

(1)通用实验底板。

(2)直流稳压电源。

(3)集成电路:74LS190,74LS48,CD4043,74LS112 及门电路。

(4)显示器:LCD5011 - 11,CL002,发光二极管。

(5)拨码开关(8421 码)。

(6)阻容元件、电位器。

(7)喇叭、开关等。

4. 设计方案提示

(1)复位和抢答开关输入防抖电路,可采用加吸收电容或 RS 触发器电路来完成。

(2)判别选组实现的方法可以用触发器和组合电路完成,也可以用一些特殊器件完成。例如,用 MC14599 或 CD4099 八路可寻址输出锁存器来实现判别选组。

(3)计数显示电路可用 8421 码拨码开关译码电路显示。8421 码拨码开关能进行加或减计数,也可用加/减计数器(如 74LS193)来组成。译码、显示用共阴或共阳组件,也可用 CL002 译码显示器。

(4)定时电路。当有开关启动定时器时,使定时计数器按减计数或加计数方式进行工作,并使指示灯亮;当定时时间到,输出脉冲,驱动音响电路工作,并使指示灯灭。

5. 参考电路

根据智力竞赛抢答器的设计任务和要求,四组智力竞赛抢答器逻辑控制电路参考图如图 4.26 所示。

6. 参考电路简要说明

图 4.26 为四组智力竞赛抢答器逻辑控制电路参考图,若要增加组数,则需要把计分显示部分增加即可。

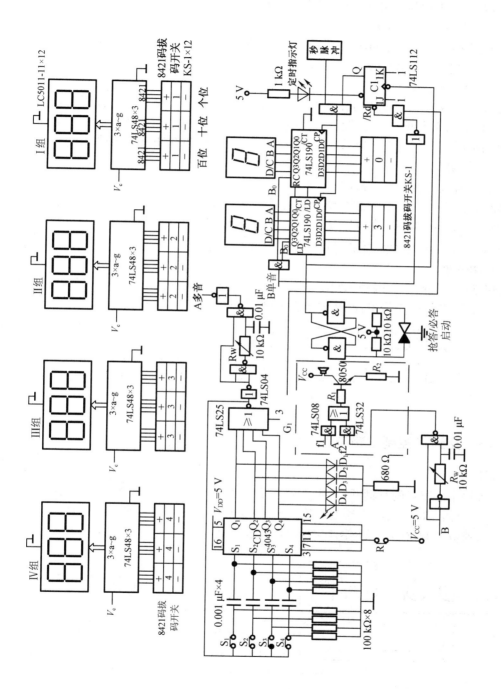

图4.26　四组智力竞赛抢答器逻辑控制电路参考图

（1）计分部分

每组均由 8421 码拨码开关 KS - 1 完成分数的增和减，每组为三位，个、十、百位，每位可以单独进行加减。例如：100 分加 10 分变为 110 分，只需按动拨码开关十位"＋"号一次；若加 20 分，只要按动"＋"号两次；若减分，方法相同，即按动"－"号就能完成减数计分。顺便提一下，计分电路也可以用电子开关或集成加、减法计数器来组合完成。

（2）判组电路

这部分电路由 RS 触发器完成，CD4043 为三态 RS 锁存触发器，当 S_1 按下时，Q_1 为 1，这时或非门 74LS25 为低电平，封锁了其他组的输入。Q_1 为 1，使发光管 D_1 发亮，同时也驱动音响电路鸣叫，实现声、光的指示。输入端采用阻容方法，以防止开关抖动。

（3）定时电路

当进行抢答或必答时，主持人按动单次脉冲启动开关，使定时数据置入计数器，同时使 JK 触发器翻转（$Q = 1$），定时器进行减计数定时，定时开始，定时指示灯亮。当定时时间到，即减法计数器为"00"时，B_0 为"1"，定时结束，这时去控制音响电路鸣叫，并灭掉指示灯（JK 触发器的 $\overline{Q} = 1$，$Q = 0$）。定时显示用 CL002，定时的时标脉冲为"秒"脉冲。

（4）音响电路

音响电路中，f_1 和 f_2 为两种不同的音响频率。当某组抢答时，应为多音，其时序应为间断音频输出；当定时到，应为单音，其时序应为单音频输出。音频时序波形如图 4.27 所示。

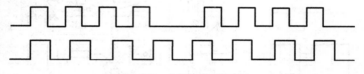

图 4.27 音频时序波形图

4.3.3 交通灯控制逻辑电路设计

1. 简述

为了确保十字路口的车辆顺利、畅通地通过，往往都采用自动控制的交通信号灯来进行指挥。其中，红灯（R）亮表示该条道路禁止通行；黄灯（Y）亮表示停车；绿灯（G）亮表示允许通行。交通灯控制器的系统框图如图 4.28 所示。

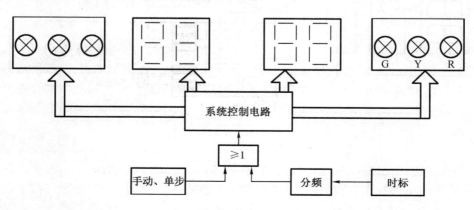

图 4.28 交通灯控制器系统框图

2.设计任务和要求

设计一个十字路口交通信号灯控制器,其要求如下。

(1)满足图4.29所示的顺序工作流程。

(2)图4.29中设南北方向的红、黄、绿灯分别为 NSR, NSY, NSG,东西方向的红、黄、绿灯分别为 EWR, EWY, EWG。

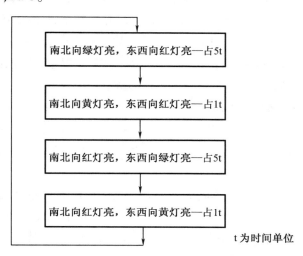

图4.29 交通灯顺序工作流程图

(3)它们的工作方式有些必须是并行进行的,即南北方向绿灯亮,东西方向红灯亮;南北方向黄灯亮,东西方向红灯亮;南北方向红灯亮,东西方向绿灯亮;南北方向红灯亮,东西方向黄灯亮。

(4)应满足两个方向的工作时序,即东西方向亮红灯时间应等于南北方向亮黄、绿灯时间之和,南北方向亮红灯时间应等于东西方向亮黄、绿灯时间之和。交通灯时序工作流程图如图4.30所示。

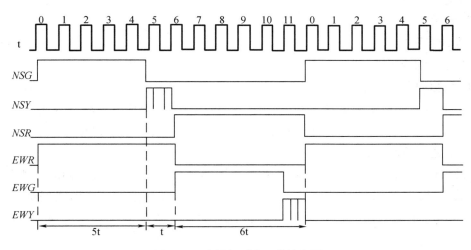

图4.30 交通灯时序工作流程图

图 4.29 中,假设每个时间单位为 3 s,则南北、东西方向绿、黄、红灯亮时间分别为 15 s, 3 s,18 s,一次循环为 36 s。其中,红灯亮的时间为绿灯、黄灯亮的时间之和,黄灯是间歇闪耀。

(5)十字路口要有数字显示,作为时间提示,以便人们更直观地把握时间。具体为:当某方向绿灯亮时,置显示器为某值,然后以每秒减 1 计数方式工作,直至减到数为"0",十字路口红、绿灯交换,一次工作循环结束,而进入下一步某方向的工作循环。

例如:当南北方向从红灯转换成绿灯时,置南北方向数字显示为 18,并使数显计数器开始减"1"计数,当减到绿灯灭而黄灯亮(闪耀)时,数显的值应为 3;当减到"0"时,此时黄灯灭,而南北方向的红灯亮,同时,使得东西方向的绿灯亮,并置东西方向的数显为 18。

(6)可以手动调整和自动控制,夜间为黄灯闪耀。

(7)在完成上述任务后,可以对电路进行以下几方面的改进或扩展。

①在某一方向(如南北)为十字路口主干道,另一方向(如东西)为次干道时,因为主干道车辆、行人多,而次干道的车辆、行人少,所以主干道绿灯亮的时间可以选定为次干道绿灯亮时间的 2 倍或 3 倍。

②用 LED 发光二极管模拟汽车行驶电路。当某一方向绿灯亮时,这一方向的发光二极管接通,并一个一个向前移动,表示汽车在行驶;当遇到黄灯亮时,移位发光二极管就停止,而过了十字路口的移位发光二极管继续向前移动;当红灯亮时,则另一方向转为绿灯亮,那么,这一方向的 LED 发光二极管就开始移位(表示这一方向的车辆行驶)。

3. 可选用器材

(1)通用实验底板。

(2)直流稳压电源。

(3)交通信号灯及汽车模拟装置。

(4)集成电路:74LS74,74LS164,74LS168,74LS248 及门电路。

(5)显示:LC5011 - 11,发光二极管。

(6)电阻。

(7)开关。

4. 设计方案提示

根据设计任务和要求,设计方案可以从以下几部分进行考虑。

(1)秒脉冲和分频器

因十字路口每个方向绿、黄、红灯所亮时间比例分别为 5:1:6,所以,若选 4 s(也可以 3 s)为一单位时间,则计数器每计 4 秒输出一个脉冲,这一电路就很容易实现。

(2)交通灯控制器

由波形图 4.30 可知,计数器每次工作循环周期为 12 t,所以可以选用 12 进制计数器。

计数器可以用单触发器组成,也可以用中规模集成计数器。这里我们选用中规模 74LS164 八位移位寄存器组成环形 12 进制计数器。环形计数器的状态表如表 4.2 所示。

表4.2　状态表

T	计数器输出						南北方向			东西方向		
	Q_0	Q_1	Q_2	Q_3	Q_4	Q_5	*NSG*	*NSY*	*NSR*	*EWG*	*EWY*	*EWR*
0	0	0	0	0	0	0	1	0	0	0	0	1
1	1	0	0	0	0	0	1	0	0	0	0	1
2	1	0	0	0	0	0	1	0	0	0	0	1
3	1	1	1	0	0	0	1	0	0	0	0	1
4	1	1	1	1	0	0	1	0	0	0	0	1
5	1	1	1	1	1	0	1	0	0	0	0	1
6	1	1	1	1	1	1	0	0	1	1	0	0
7	0	1	1	1	1	1	0	0	1	1	0	0
8	0	0	1	1	1	1	0	0	1	1	0	0
9	0	0	0	1	1	1	0	0	1	1	0	0
10	0	0	0	0	1	1	0	0	1	1	0	0
11	0	0	0	0	0	1	0	0	1	1	0	0

根据状态表,我们不难列出东西方向和南北方向绿、黄、红灯的逻辑表达式。

①东西方向

绿:$EWG = Q_4 Q_5$;

黄:$EWY = \overline{Q_4} Q_5 (EWY' = EWY \cdot CP1)$;

红:$EWR = \overline{Q_5}$。

②南北方向

绿:$NSG = \overline{Q_4 Q_5}$;

黄:$NSY = Q_4 \overline{Q_5} (NSY' = NSY \cdot CP1)$;

红:$NSR = Q_5$。

由于黄灯要求闪耀几次,所以用时标 1s 和 *EWY* 或 *NSY* 黄灯信号相"与"即可。

(3)显示控制部分

显示控制部分实际上是一个定时控制电路。当绿灯亮时,使减法计数器开始工作(用对方的红灯信号控制),每来一个秒脉冲,使计数器减1,直到计数器为"0"停止。译码显示可用74LS248 BCD 码七段译码器,显示器用 LC5011 – 11 共阴极 LED 显示器,计数器材用可预置加、减法计数器,如74LS168、74LS193 等。手动/自动控制、夜间控制都可用一个选择开关实现。置开关在手动位置,输入单次脉冲,可使交通灯在某一位置上;开关在自动位置时,则交通信号灯按自动循环工作方式运行。夜间时,将夜间开关接通,黄灯闪亮。

5. 参考电路

根据设计任务和要求,交通信号灯控制器参考电路如图 4.31 所示。

单次脉冲是由两个与非门组成的 RS 触发器产生的,当按下 K1 时,有一个脉冲输出使74LS164 移位计数,实现手动控制。K2 在自动位置时,由秒脉冲电路经分频后(4 分频)输入给74LS164,这样,74LS164 为每4 秒向前移一位(计数 1 次)。秒脉冲电路可由晶振或 RC 振荡电路构成。

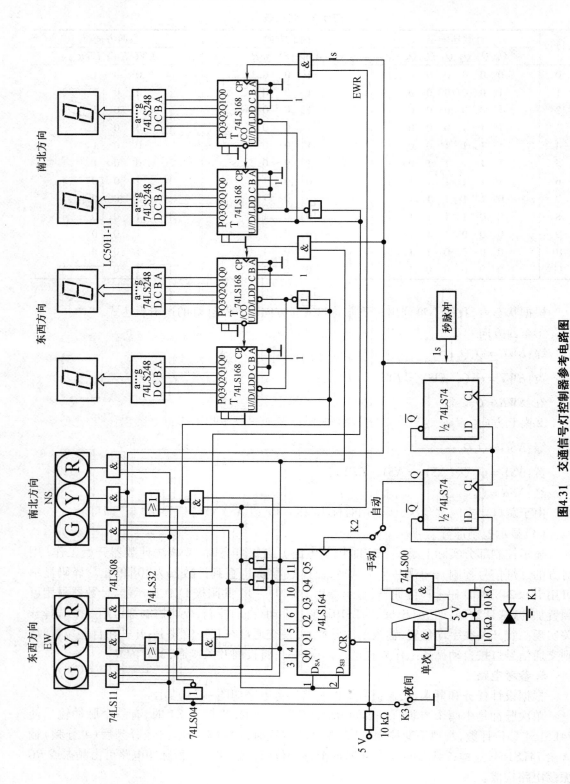

图4.31 交通信号灯控制器参考电路图

（1）控制器部分

它由74LS164组成环形计数器,然后经译码输出十字路口南北、东西两个方向的控制信号。其中黄灯信号必须满足闪耀,并在夜间时,使黄灯闪亮,而绿、红灯灭。

（2）数字显示部分

当南北方向绿灯亮,而东西方向红灯亮时,南北方向的74LS168以减法计数器方式工作,从数字"24"开始往下减,当减到"0"时,南北方向绿灯灭,红灯亮,而东西方向红灯灭,绿灯亮。由于东西方向红灯灭信号（$EWR = 0$）使与门关断,减法计数器工作结束,而南北方向红灯亮使另一方向——东西方向减法计数器开始工作。在减法计数器开始工作之前,由黄灯亮信号使减法计数器先置入数据,图4.31中接入$\frac{U}{D}$和$\overline{LD}$的信号就是由黄灯亮（为高电平）时,置入数据。黄灯灭（Y = 0）而红灯亮（R = 1）开始减计数。

4.3.4　转速测量显示逻辑电路设计

1. 简述

转速的测量,在工业控制领域和人们日常生活中经常遇到。例如,工厂里测量电机每分钟的转速、自行车里程测速计、心率计以及汽车时速的测量等都属于这一范畴。

要准确地测量转轴每分钟的转速,可采用图4.32所示的数字控制系统。在转轴固定的一个地方涂上一圈黑带,并留出一块白色标记。当白色标记出现时,光电管能感受到输入的光信号,并产生脉冲电信号。这样,每转一周就产生一个脉冲信号。用计数器累计所产生的脉冲数,并且使计数器每分钟作一次清零,这样就可以记下每分钟的转数。在每次周期性的清零前一时刻,将计数器记下的数值传送到寄存器存贮,寄存器中寄存的数在以后的一分钟内始终保持不变,并进行显示,这就是欲测的转速。

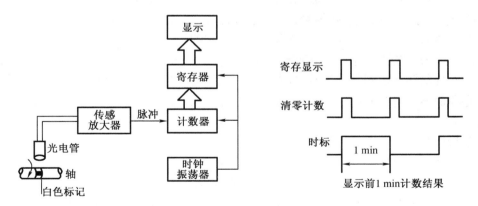

图4.32　转速测量控制系统流程图及时序图

2. 设计任务和要求

设计转速测量显示逻辑控制线路,具体要求如下。

（1）测速显示范围为0~9 999转/分。

（2）单位时间选为1分钟,且有数字显示。

（3）转速显示是前1分钟转速测量的结果,或者数字连续显示计数过程,并将每分钟最后时刻的数字保持显示一个给定时间,例如 5 s 或 10 s,然后再重复前述过程。

3. 可选用器材

(1)XK 系列数字电子技术实验系统。

(2)直流稳压电源。

(3)光电传感装置。

(4)集成电路:74LS112,74LS123,74LS160,74LS175,74LS248,74LS290 及门电路。

(5)显示器:LC5011 – 11,CL002,CL102。

(6)电阻、电容。

4. 设计方案提示

根据设计任务和要求,要完成自动计数和显示过程,必须要有:

(1)将一个正在转动着的轴,通过一定的装置,例如轴上装一转盘,转盘上开一个小孔,然后通过光、电转换对管及其转换电路产生光电脉冲信号,如图 4.33 所示。在可选用器材中已有光电传感器装置可完成这一功能。

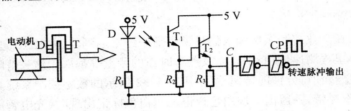

图 4.33　光电传感转换器电路图

(2)转速测量并显示的逻辑线路是,将连续输入的光电脉冲信号转变为按单元时间(每分钟)计数的转换显示。

由于测速范围为 0 ~ 9 999 转/分,所以需要四块十进制计数器组成计数电路。寄存和显示电路也为四位。显示器可选用共阴或共阳的单显示器,也可选用三合一、四合一 CL 系列组合器件。

计时电路需要一个秒脉冲作为时标电路的脉冲输入。它由二位计数器组成六十进制,即秒"个位"和秒"十位",这一电路和数字钟六十进制计数器一样,个位为十进制,十位为六进制。当时标电路计数到一分钟时,应发出一个控制信号给光电脉冲计数器,使累计的数值存入寄存器而显示。与此同时,计数器清零,准备下一分钟的数值累计。因此测速显示的数值为前一分钟的转速,这一点在设计电路时要注意。

5. 参考电路

根据要求,两种转速测量显示控制电路分别为:

(1)转速显示的是前一分钟转速测量的结果,如图 4.34 所示。

(2)转速显示计数过程,到时间,将累计值保持一段时间,然后再重复地计数显示,其电路如图 4.35 所示。

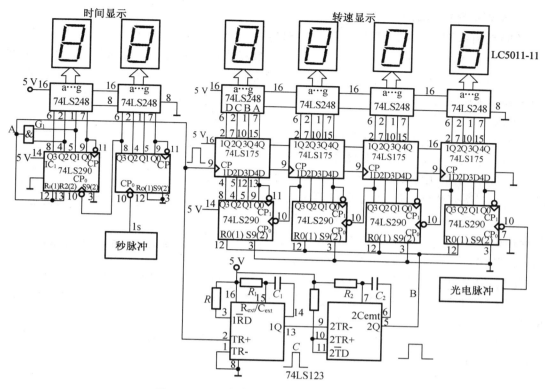

图 4.34　转速测量显示逻辑电路参考图(Ⅰ)

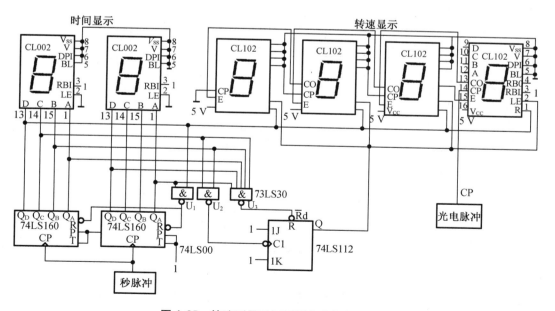

图 4.35　转速测量显示逻辑电路参考图(Ⅱ)

6. 参考电路简要说明

（1）在图 4.34 中，由秒脉冲通过两片 74LS290 形成六十进制计数器，当十位计数器 IC_1 计到 6 时，通过与门 G_1（$Q_2Q_1 = 1$），使十位的计数器清 0，同时这一信号又送到测速显示的寄存器 74LS175 的 CP 端，使计数器累计的光电脉冲个数（即转速）寄存起来，并通过 74LS248 译码显示。

要说明一点，当一分钟"A"这一信号，除给寄存器 74LS175 作为 CP 寄存信号外，同时给光电脉冲计数器清 0，只是时间上比 A 滞后一点，如图 4.36 所示。

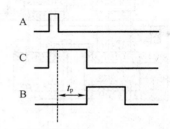

图 4.36　单稳延时波形图

（2）在图 4.35 中，采用三合一、四合一计数、译码、驱动、显示 CL 系列数显。秒脉冲通过 74LS160 十进制计数器组成一分钟时标电路，时标显示器由 CL002 完成。当时标在 0 ~ 59 s 工作周期内四块 CL102 显示器连续计数，满一分钟时，通过 U_2 门使 JK 触发器翻转，使 CL102 的 LE 置 1，计数停止，保持显示第一分钟转速。当时标计数器计到 79 时，U_3 门使 JK 触发器清 0，CL102 的 LE = 0，恢复送数功能。接着到"80"时，时标十位的 Q_D 为 1 时，使 CL102 清 0，准备下一个 60 s 的计数。U_1 的作用是使时标电路回零。

CL102 为 BCD 码十进制计数、译码显示器，其电路结构、外引脚图如图 4.37 所示，其逻辑功能如表 4.3 所示。

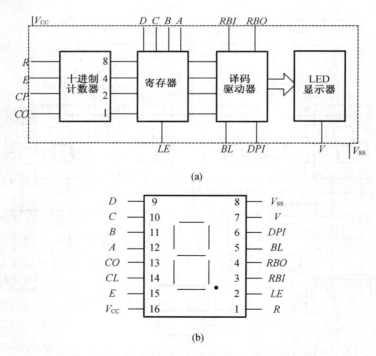

(a)

(b)

图 4.37　CL102 电路结构及外引脚排列图

（a）电路结构图；（b）外引脚排列图

表 4.3　CL102 逻辑功能表

CP	E	R	功能	输入状态		功能
×	×	1	全0	LE	1	寄存
↑	1	0	计数		0	送数
0	↓	0	计数	BL	1	消隐
↓	×	0	保持		0	显示
×	↑	0	保持	RBI　DPI	0	灭 0 显示
↑	0	0	保持	DPI	1	DP 显示
1	↓	0	保持		0	DP 消隐

CL102 各个引脚功能说明如下。

BL：数字管熄灭及显示状态控制端，在多位数字中可用位扫描显示控制。

RBI：多位数字中无效零值的熄灭控制信号输入端。

RBO：多位数字中无效零值的熄灭控制信号输出端，用于控制下位数字的无效零值熄灭。该位于"无效零已熄灭"工作状态时输出为"0"电平，否则为"1"电平。

DPI：小数点显示及熄灭控制端。

LE：BCD 码信息输入控制端，用于控制计数器输出的 BCD 码向寄存器传送。

D，*C*，*B*，*A*：寄存器 BCD 码信息输出，可用于整机的信息记录及处理。

R：计数、显示器置数端。

CP：CL102 的 CP 脉冲信号输入端(前沿作用)。

E：计数显示脉冲信号后沿输入端。

CO：计数进位输出端(后沿作用)。

V：LED 显示管公共负极，可用于微调数码管显示亮度。

Vcc：电源正极 +5 V。

Vss：电源地端。

4.3.5　数字频率计数器逻辑电路设计

1. 简述

在进行模拟、数字电路的设计、安装和调试过程中，经常要用到数字频率计。数字频率计实际上就是一个脉冲计数器，即在单位时间里(如 1 s)所统计的脉冲个数，如图 4.38 计数时序波形图所示。频率数为在 1 s 内通过与门的脉冲个数。

通常频率计数器由输入整形电路、时钟振荡器、分频器、量程选择开关、计数器、显示器等组成，如图 4.39 所示。

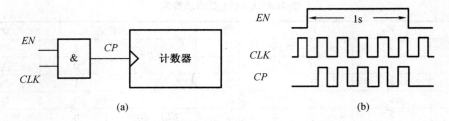

图 4.38 频率计计数时序波形图

(a)门控计数;(b)门控序列

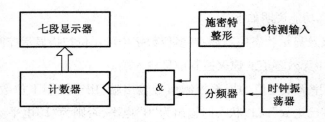

图 4.39 频率计数器组成框图

在图 4.39 中,由于计数信号必须为方波信号,所以要用施密特触发器对输入波形进行整形,分频器输出的信号必须为 1 Hz,即脉冲宽度为 1 s,这个秒脉冲加到与门上,就能检测到待测信号在 1 s 内通过与门的个数。脉冲个数由计数器计数,结果由七段显示器显示。

2. 设计任务和要求

设计一个八位的频率计数器逻辑控制电路,具体任务和要求如下。

(1)八位十进制数字显示。

(2)测量范围为 1 Hz ~ 10 MHz。

(3)量程分为四挡,分别为 ×1000,×100,×10,×1。

3. 可选用器材

(1)XK 系列数字电子技术实验系统。

(2)直流稳压电源。

(3)集成电路:频率计数器专用芯片 ICM7216B,74LS93,74LS123,74LS390,7555 及门电路。

(4)晶振:8 MHz,10 MHz。

(5)数显:CL102,CL002,LC5011 – 11。

(6)电阻、电容等。

4. 设计方案提示

数字频率计可以分为四部分进行考虑。

(1)计数、译码、显示

这一部分是频率计数器必不可少的。即外部整形后的脉冲,通过计数器在单位时间里进行计数、译码和显示。计数器选用十进制的中规模(TTL/CMOS)集成计数器即可,译码显示可采用共阴或共阳的配套器件。例如计数器选 74LS161,译码器为 74LS248,数显器为 LC5011 - 11。也可选用四合一计数、寄存、译码、显示 CL102 或专用大规模频率计数器 ICM7216 芯片等。

中规模组成的计数、译码、显示和四合一的数显,在基本实验和前几个课题中都已使用过,使用时,可参阅有关章节。下面介绍一下专用八位通用频率计数器 ICM7216 的特点及性能。

ICM7216 是用 CMOS 工艺制造的专用数字集成电路,专用于频率、周期、时间等测量。ICM7216 为 28 管脚,其电源电压为 5 V。针对不同的使用条件和用途,ICM7216 有四种类型产品,其中显示方式为共阴极 LED 显示器的为 ICM7216 B 型和 D 型,而显示方式为共阳极 LED 显示器的为 ICM7216 A 型和 C 型。它的具体应用如图 4.40 所示。

（2）整形电路

由于待测的信号是各种各样的,有三角波、正弦波、方波等。所以要使计数器准确计数,必须将输入波形整形,通常采用的是施密特集成触发器。施密特触发器也可以由 555 (7555)或其他门电路构成。

（3）分频器

分频器一般由计数器实现,例如用十进制计数去分频,获得 1Hz。

十进制计数器用 74LS160,74LS161,74LS90,74LS290,74LS390 等均可实现。

（4）量程选择

因为输入有大有小,所以当测低频时,量程开关选择在 ×1 或 ×10 位置,而测高频时,应设置在 ×100 或 ×1000 位置。在电路处理上,就是将单位时间缩小为 1/1000,1/100,1/10 等,即在 1/1000 秒测得的数值,其量程为数显值 ×1000;1/100 秒测得的数值,其量程值为数显值 ×100,依此类推。因此这里选用 1/1000,1/100,1/10,1 秒四挡作为脉冲输入的门控时间,完成量程的选择。

5. 参考电路

根据设计任务和要求,频率计逻辑电路可由中大规模集成电路或专用频率计数器构成,参考电路分别如图 4.40 和图 4.41 所示。

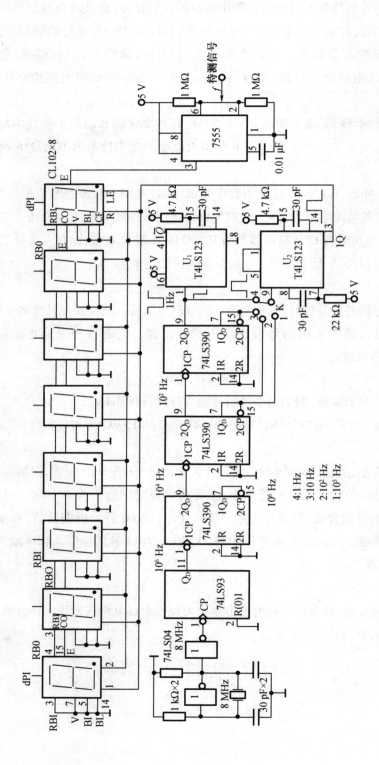

图4.40 数字频率计逻辑控制电路参考图（Ⅰ）

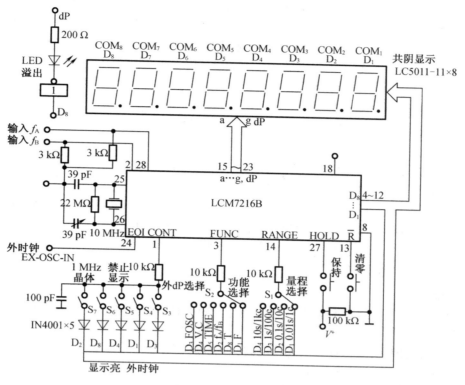

图 4.41　数字频率计逻辑控制电路参考图（Ⅱ）

6. 参考电路简要说明

（1）图 4.40 采用八只 CMOS 电路 CL102 四合一显示完成计数、译码、显示功能。输入待测频率经 7555 电路进行整形后，输入给 CL102 进行计数。

由晶振（8 MHz）与门电路组成的振荡器经 74LS93 和 74LS390 分频后，分别获得1 MHz，10^5 MHz，10^4 MHz，10^3 MHz，10^2 MHz，10 MHz，1 Hz 的频率。图 4.40 中 74LS93 为 8 分频器，74LS390 为双十进制计数器。

1 Hz 控制计数器的计数时间，在计数器清零之前，将计数器的计数值送显示器，其时序图如图 4.42 所示。

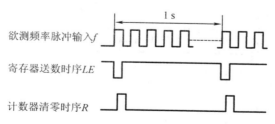

图 4.42　计数器送数、清零时序波形图

图 4.40 中的 74LS123 是单稳态触发器，其主要作用：U_1 将 1Hz 脉冲变成窄脉冲，将 CL102 计数器数据寄存显示；U_2 产生的窄脉冲是计数器的清零脉冲，相对于送数脉冲延时了 100 ns 左右，以保证寄存器的数据正确，其频率由开关 K 分别置在 4,3,2,1 位置，即可完

成 ×1，×10，×100，×1 000 等几种不同的量程。如测试量程不用开关，则需增加显示器的数量，从而达到满意的量程。小数点的控制可根据量程确定，点亮的显示器的 dp 端接到 +5 V，其他的 dp 端接到地上。如不需要显示小数点，可全部接地。

（2）在图 4.41 中，数显为共阴极八位 LED 数显，型号为 LC5011 – 11，晶振为 10 MHz。频率从 f_A 或 f_B 输入。八只数显 LC5011 – 11 的 a～f、dP 全部连在一起，分别接至 LCM7216 B的 a～f、dp 端，数码管的公共端 COM_8～COM_1 分别接 LCM7216B 的 D_8～D_1 端。

S_1 为量程（自动小数点）选择开关，S_2 为测量功能选择开关，工作模式选控开关为 S_3～S_7，保持按钮为 HOLD，复位开关为 $\overline{R}$。

送入 f_A、f_B 的信号，可以是 TTL 电平也可以是 HCMOS 电平，如果是 CC40000 系列器件送来的信号，则应当把连到 V^+ 的 3 kΩ 电阻增大到 10 kΩ 以上或者去掉电阻。通常用单稳电路作为输入波形整形。本电路若将输入信号进行 10 分频，则测量范围可以提高 10 倍。

（3）在图 4.40 和图 4.41 所示参考电路中，有些 IC 电源和地未画出，使用时应加上。

4.3.6 复印机逻辑控制电路设计

1.简述

复印机的应用越来越普遍，其工作原理也大同小异。在使用复印机时，一般要进行以下操作。

（1）设置复印数：通过键盘输入百位数、十位数和个位数。

（2）按动复印"RUN"运行键，开始复印。

（3）三位显示器显示复印减少的数目，当减到"0"时，复印过程结束。

复印机控制电路框图如图 4.43 所示。

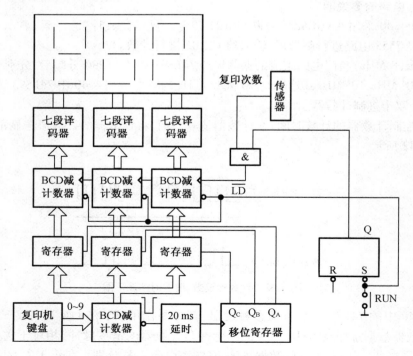

图 4.43　复印机控制电路框图

2. 设计任务和要求

设计复印机逻辑控制电路,具体要求如下:

(1)从键盘(0~9)可输入复印的数字,并能显示。

(2)数字显示为 3 位,最大数为 999。

(3)复印一次,数字显示减一次,直到"0"停机。

(4)按运行键"RUN"后,机器能自动进行循环控制。

3. 可选用器材

(1)XK 系列数字电子技术实验系统。

(2)直流稳压电源。

(3)集成电路:74LS112,74LS164,74LS190,74LS174,74LS148,74LS248 及门电路。

(4)显示器:LC5011 – 11、发光二极管。

(5)阻容元件。

(6)开关、按钮。

4. 设计方案提示

根据复印机的控制要求及其框图,设计时从以下几个方面考虑。

(1)键盘编码电路

要把键盘十进制数字输入转换成 BCD 码,可以用下列两种方法实现。

①用编码器实现

将十进制键盘的 10 根输出线接至编码器的输入端。每当 10 根十进制线上任何一根线为有效时,编码器就发出一个负脉冲,表示有键按下,并输出对应的十进制键的二进制码。

图 4.44 所示的是用 74LS148 8 线 – 3 线优先编码器组成的 16 线 – 4 线优先编码器的转换电路图。

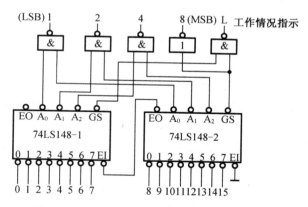

图 4.44　16 线 – 4 线优选编码器的转换电路图

在图 4.44 中 0~7 这个引脚为第一片 74LS148 的输入,第二片 0~7 引脚作为 8~15 的输入。输入端为低电平有效。例如,当使第 10 根线为逻辑"0",第二片(74LS148 – 2)的"2"输入端即为逻辑"0",由于该片使能端已接地(EI = 0)已选通,所以它的 $A_2 \sim A_0$ 端输出为"2"的编码值的反码 101。此外,EO 端输出高电平,GS 端输出低电平,因此级联的第一片芯片 EI 端为高电平,它处于禁止状态,即第一片的 $A_2 \sim A_0$ 为全高电平输出,GS 也为高电平。

这些端子通过与非门输出,所以最后的结果为"1010"(自右至左)即为十进制数"10"的编码值。所以,电路这样连接编码完全正确。同理,在输入数字"3"时,则在编码器 74LS148 – 1 的 $A_2 \sim A_0$ 端输出 100,经与非门后,将输出"8421"码 0011。

若取 0～9 为键盘的十进制输入,那么,对应的 8421 码输出就是 0～9 的 BCD 码。

在图 4.44 中,最右边与非门输出为工作情况指示(或按键指示),当各线均无有效输入,两芯片都不工作时,$L = 0$;当任何一芯片工作时,$L = 1$。

②用脉冲拨号器和计数器实现

脉冲拨号器是一片 CMOS 集成电路,用它将键盘输入变换成一串脉冲输出。当按"1～9"键时,分别输出 1～9 个脉冲,按"0"键时输出 10 个脉冲。脉冲数再通过十进制 BCD 码计数器计数,就实现了从十进制到二进制 BCD 码的转换,如图 4.45 所示。

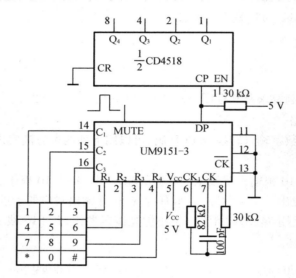

图 4.45 用脉冲拨号器实现键盘按键到 BCD 码的转换电路图

图 4.45 中编码采用 UM9151 – 3 脉冲拨号器。UM9151 – 3 是 CMOS 器件,工作电压为 2.0～5.5 V,4 × 3 键盘接口,*RC* 振荡器。当有键按下时,相应的行和列接通,这时通过 DP 端送出相应的脉冲数,同时 MUTE 端为高电平输出,脉冲数输出完毕,MUTE 信号也随之为低电平。例如,按键为"4",则从 DP 端输出脉冲的个数为 4 次,MUTE 为高电平的时间就是 4 个脉冲数输出的时间。计数器采用 CD4518 二 – 十进制计数器。CD4518 也是 CMOS 器件,上升沿或下降沿时钟触发,8421 编码。当 CP 端有脉冲输入时,它就计数,如 CP 端输入 4 个脉冲,则 CD4518 的输出端 $Q_4 \sim Q_1$ 为"0100";如 CP 端输入 9 个脉冲,则输出端 $Q_4 \sim Q_1$ 为"1001";CP 端输入 10 个脉冲,则输出端为"0000"。

UM9151 – 3 脉冲拨号器和 CD4518 计数器的管脚排列及其逻辑功能参阅有关产品手册。

(2)寄存器

为使按键的数据马上能锁存起来,可用 D 触发器来寄存按键的二进制码。如采用 74LS174 的 D 触发器就可实现这一功能。也可用串并行输出/串行输入移位寄存器 CD4015 实现数据寄存。数据的寄存要考虑时序关系,即只有在数据 D 稳定后,才能存入寄存器。

所以在键按下后,需经过一段延时,才能把数据存入寄存器中。

（3）计数、显示

这一部分比较容易实现,当按下运行键"RUN"后,计数器转入减计数状态,当减到"0"时,输出控制信号,复位,使复印机停止复印。

5. 参考电路

根据复印机的控制电路设计任务和要求,其逻辑控制电路参考图如图 4.46 所示。

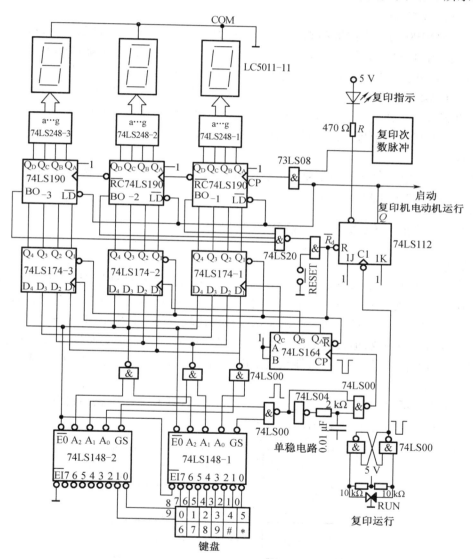

图 4.46　复印机控制逻辑电路参考图

6. 参考电路简要说明

（1）键盘编码电路

它由两片 8 线 -3 线优先编码器 74LS148 组成十进制 BCD 码的转换。当有 0~9 键按下时,按键的编码数加到 D 触发器 74LS174 的输入端,经单稳电路 20 ms 延时,由上升沿将数据存入 D 触发器 74LS174 中。

（2）数据锁存电路

这部分由 74LS164 移位寄存器的输出端 Q_A，Q_B，Q_C 控制。由于 74LS164 的串行输入端均接高电平（1），所以按键输出的脉冲经单稳延时 20 ms 后再输入 74LS164 的 CP 端时，就使 Q_A 为"1"，Q_A 从 0→1 的跳变（上升沿）就把数据存入高位 74LS174 - 3 中。同理，若再按键输入数字，将存入 74LS174 - 2 中和 74LS174 - 1 中。

（3）减计数控制电路

由于 74LS190 为具有预置功能的加/减法同步计数器，所以当键盘输入三位数字后，数字直接就通过 74LS190 及译码器进行显示，因为这时 74LS190 的置数端 LD = 1（送数）。

当按动复印运行键"RUN"后，就把 74LS112 置 1，这时启动复印机开始复印（复印指示灯亮），并使 74LS190 作计数准备，当复印次数脉冲（通过传感器产生脉冲）到来时，74LS190 就减 1，直到数字减到全 0 时，三位 74LS190 的 BO 端输出 1，通过与非门，将所有触发器、寄存器清"0"，恢复到开始状态，复印机停止复印，指示灯也灭了。

（4）译码显示

译码显示采用共阴极译码器和显示器（74LS248 和 LC5011 - 11），这一部分也可用共阳极显示器（74LS47 和 LA5011 - 11）。

4.3.7 脉冲按键电话显示逻辑电路设计

1. 简述

目前，很多电话机都没有显示功能，打电话时往往会碰到这种情况：明明想打 A 处电话，接通的却是 B 处电话。到底是自己拨错号，还是电话机有故障呢？还是电信局交换机有问题呢？因此，在电话机上加上按键显示就显得比较方便。打电话时，若显示器上显示的号码和拨打的号码一致，但接通的却是另一处电话，这就有可能是交换设备出故障了；如果显示的号码与拨打的号码不一致，那么就是电话机有故障。这样，可及时地发现问题，进行报修，从而保证通信的畅通。

脉冲按键电话显示控制的框图如图 4.47 所示。收话和发话电路，我们暂不考虑，这里仅对按键显示电路进行逻辑控制设计。

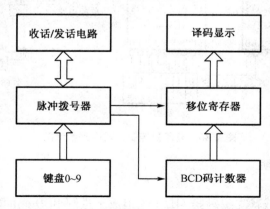

图 4.47 脉冲按键电话显示控制的框图

2. 设计任务和要求

脉冲按键电话显示逻辑电路的设计任务和具体要求如下。

（1）具有八位显示。

（2）能准确地反映按键数字。例如,按下"5"时,显示器则显示"5"。

（3）显示器显示的数从低位到高位逐位显示。例如,按下"5"键,显示器显示"5",再按下"3"键,显示器显示"53",一直显示到需要的数字。

以上功能完成后,考虑以下几个问题。

（1）若是双音频电话,则电路应该怎样设计?

（2）在话机外面测量脉冲或者音频电话显示时,逻辑控制电路又应该怎样设计?

3. 可选用器材

（1）XK 系列数字电子技术实验系统。

（2）直流稳压电源。

（3）0 ~ 9 十进制按键。

（4）集成电路：74LS164,CD4015,CD4518,74LS248 及门电路。

（5）脉冲拨号芯片 UM9151 − 3。

（6）电阻、电容。

4. 设计方案提示

（1）脉冲拨号电路

电话按键行和列的输出接至电话脉冲拨号芯片的行和列,当按某一键时（例如 9）,它就在脉冲拨号芯片输出端产生相应数量的脉冲个数,同时有一高电平脉冲输出,高电平时间宽度即为脉冲输出个数时间。这里选用 UM9151 − 3 电话机脉冲拨号器。UM9151 − 3 外引线排列图和键盘位置如图 4.48 所示。

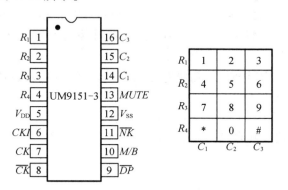

图 4.48　UM9151 −3 外引线排列图和键盘位置示意图

UM9151 −3 可以直接与电话线路连接工作,采用 4 ×3 键盘接口,电源电压为 2.0 ~ 5.5 V。

R_1 ~ R_4 和 C_1 ~ C_4：分别为按键行和列的输入端。

V_{DD}：电源正极。

V_{ss}：电源负极。

CKI,CK 和 CK：是 RC 连接端,用来产生振荡。

$\overline{DP}$：拨号脉冲输出端。

M/B：通断比选择控制输入端。

$\overline{NK}$：电话挂机和摘机开关输入端。

$MUTE$：弱音输出端。

（2）计数、寄存电路

由于脉冲拨号器发出的是脉冲数,因此,若要用显示器进行显示,则需要进行 BCD 码的转换。将脉冲拨号器的输出接十进制计数器,即可实现二进制 BCD 码的转换。计数器可选用 CD4518 十进制计数器。

CD4518 的计数状态表如表 4.4 所示。

表 4.4　CD4518 状态表

CP	Q_4	Q_3	Q_2	Q_1
0	0	0	0	0
1	0	0	0	1
2	0	0	1	0
3	0	0	1	1
4	0	1	0	0
5	0	1	0	1
6	0	1	1	0
7	0	1	1	1
8	1	0	0	0
9	1	0	0	1

由状态表可知,若计数脉冲输入 10 个,则计数器从"0"又回到"0",正好满足了按数字键"0"发 10 个脉冲这一逻辑关系,即按"0"键后,脉冲拨号器发 10 个脉冲,CD4518 计数后不是"1010"而是全"0"。

当"脉冲数"转换成 BCD 码后,需将它进行寄存,这里我们可选用 CD4015 双四位移位寄存器。

（3）译码显示

译码显示选用共阳或共阴译码显示组件即可。当然也可利用三合一或四合一 CL 系列显示器完成这一功能。

（4）其他

至于双音频电话机,可以选用 DTMF 接收器,先将音频输入转换为 BCD 码,然后再由数据输出允许信号控制数据的寄存及显示。

5. 参考电路

根据课题的要求,脉冲按键电话显示逻辑控制电路如图 4.49 所示。

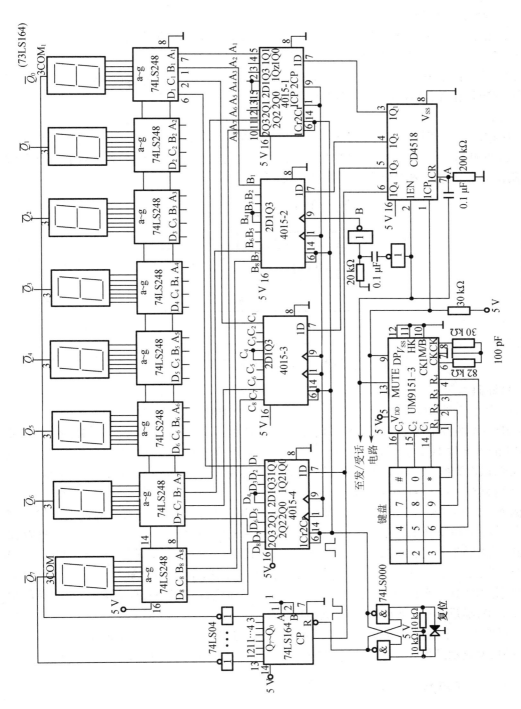

图4.49　脉冲按键电话显示逻辑控制电路参考图

6. 参考电路简要说明

本系统控制电路由脉冲发码电路、移位寄存、译码显示等组成。

（1）脉冲发码电路

UM9151－3 的 DP 端为脉冲码输出端。当我们摘机并且按键后，它一方面将脉冲码送至电话线路中，另一方面将脉冲码送入十进制计数芯片 CD4518 计数。在 CD4518 计数前，由 MUTE 信号的上升沿将 CD4518 清"0"，这样就保证了每次 CD4518 输出的二进制 BCD 码与脉冲键数目相等，例如，按"3 键"CD4518 输出则为 0011。

（2）移位寄存

CD4015－1 到 CD4015－4 为 BCD 码移位寄存器，当计数器 CD4518 将 BCD 码送到它们的 D 端，在 MUTE 结束（下降沿）脉冲到来时，将 D 端数据存入 CD4015 寄存器中。图 4.49 中采用微分电路进行清零和移位。脉冲拨号时序图如图 4.50 所示。

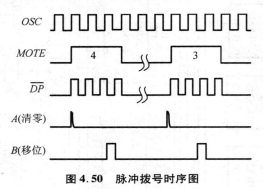

图 4.50　脉冲拨号时序图

（3）译码显示

为了从低位到高位逐位显示，图 4.49 中分别将 ICCD4015－1，ICCD4015－2，ICCD4015－3，ICCD4015－4 的输出接至 74LS248 译码器。最低位的译码器输入端 D_1，C_1，B_1，A_1 和四片 CD4015 的最低位 $1Q_0$ 分别连接，次低位（第 2 位）的译码显示输入和各移位寄存器的次低位 $1Q_1$ 相连，依次类推，直至第 8 位（最高位）全部按上述规律连接，直到 CD4015－4 $2Q_3$ 端止。

（4）移位显示由 74LS164 的输出端 Q 进行控制

例如，按数字"3"键，在 CD4518 端产生"0011"BCD 码，该 BCD 码又在脉冲信号发送完时寄存到四片 4015 中，这时，CD4015－4，CD4015－3，CD4015－2，CD4015－1 移位寄存器的最低位输出端分别是 0，0，1，1，这四位数在显示器中是否显示，要看 LC5011－11 显示器的 COM 端是否为低电平。若为"0"，则显示；若为"1"，则不显示。由图 4.49 可知，74LS164 的 CP 端是和 CD4015 移位寄存的 CP 端同步的。当移位寄存器寄存时，74LS164 的最低位已为高电平，经反相后，变为低电平，使 COM_1 为低，显示器将显示"3"。

当再按下一个键时，移位寄存器将第一位数向前移位一次，同样 74LS164 也向前移一位，使得数据显示满足设计要求，由低位向高位逐位移位显示。

4.3.8　乒乓游戏机逻辑电路设计

1. 简述

两人乒乓游戏机是由发光二极管代替球的运动，并按一定的规律进行对垒比赛，甲乙双方发球和接球分别用两只开关代替。

　　当甲方按动发球开关 S_{1A} 时,球就向前运动(发光管向前移位);当球运动过网到一定位置以后,乙方就可以接球。若在规定的时间内,乙方不接球、提前或滞后接球,都算未接着球,甲方的记分牌自动加分。然后再重新按规则由一方发球,比赛才能继续进行。比赛一直要进行到一方记分牌达到 21 分,这一局才算结束。

　　乒乓游戏机的示意图如图 4.51 所示。其逻辑控制流程图如图 4.52 所示。

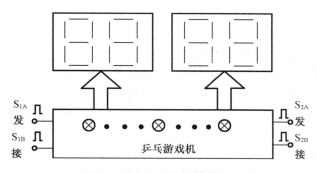

图 4.51　乒乓游戏机示意图

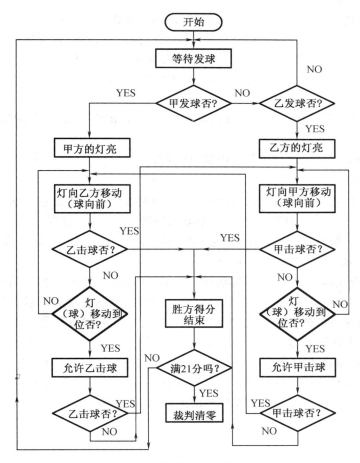

图 4.52　乒乓游戏机逻辑控制流程图

2. 设计任务和要求

乒乓游戏机逻辑电路控制任务和要求如下。

(1)乒乓游戏机甲乙双方各有两只开关,分别为发球开关和击球开关。

(2)乒乓球的移动用 16 或 12 只 LED 发光二极管模拟运行,移动的速度可以调节。

(3)球过网到一定的位置方可接球,提前击球或出界球均判为失分。

(4)比赛用 21 分为一局,任何一方先记满 21 分就获胜,比赛一局就结束。当记分牌清零后,又可开始新的一局比赛。

3. 可选用器材

(1)XK 系列数字电子技术实验系统。

(2)直流稳压电源。

(3)集成电路:74LS74,74LS161,74LS194,74LS248 及门电路。

(4)开关、单次脉冲开关。

(5)显示器:LC5011-11、发光二极管。

4. 设计方案提示

根据课题的要求,乒乓游戏机电路可以从下列各部分进行考虑。

(1)移位寄存器

由于乒乓球的运行模拟靠发光二极管进行显示,且既能向左又能向右运行,所以应选择双向移位寄存器。如常用的 74LS194 四位双向通用移位寄存器,它既能左移、右移,又可置数,各种模式控制均由 M0、M1 及 CP 进行组合控制。所以 16 位移位寄存器可用 4 片 74LS194 组成。并接成既可左移又能右移,还可置数的工作模式。

(2)开关

甲、乙双方四只开关分别为发球和击球功能,为保证动作可靠,可采用防抖电路。

(3)计分电路

用计数、译码、显示完成计分显示电路,计数器计到 21 分时,计数器清零。

(4)控制电路

这一部分设计是乒乓游戏机的关键部分,必须满足甲方发球乙方击球或乙方发球甲方击球的逻辑关系。选用 D 触发器作为状态记忆控制元件,当甲方发球后,D 触发器为一状态;乙方发球时,D 触发器为另一状态,这正好满足移位(左、右移位)的要求(实际上已把 D 功能转变为 T′功能)。其电路如图 4.53 所示。

此外,当甲方发球后,球向乙方运动到一定范围内,乙方方可击球,乙方在特定范围内若已接到球,这时 D 触发器需记忆这一状态;如接不到球,则不需改变 D 触发器记忆状态。乙方发球的原理也是一样的。图 4.53 为乒乓游戏机记忆 D 触发器的逻辑状态控制电路图。

在图 4.53 中,D 触发器的状态 M_1 和 M_0 控制左移或右移。甲发球后,只能由乙击球,且在一定范围内(如向右移位到 Q_{12} 或 Q_{13} 为 1 时)击球有效。请注意,击球范围可以改变,即可以从移过网后任定一个时刻就行(如 $Q_{10}+Q_{11}$),也可以用计数器实现定时击球范围。

D 触发器的两根反馈线是防止发球方误击球,如甲发球后甲击球无效。

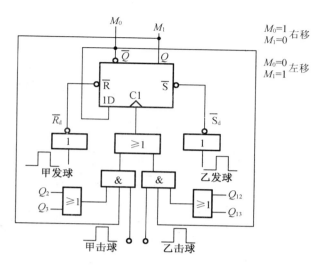

$M_0=1$　右移
$M_1=0$

$M_0=0$　左移
$M_1=1$

图 4.53　乒乓游戏机记忆 D 触发器逻辑状态控制电路图

（5）置数、清零电路

当甲或乙发球时,应先将各方第一位（Q_0 或 Q_{15}）置 1,尔后,方可向对方移位。由 74LS194 控制端 M_0、M_1 的状态可知,仅当 $M_0=M_1=1$ 时,可以在 CP 上升沿时置数。所以,电路设计时应考虑满足这一要求。

清零,除手动总清零外,还须考虑一方失分时,清移位寄存器。

5. 参考电路

根据乒乓游戏机的设计任务和要求,其控制逻辑电路参考图如图 4.54 示。

6. 参考电路简要说明

（1）乒乓球模拟运行控制电路

这部分由触发器、门电路及 74LS194 双向移位寄存器组成 16 位乒乓球模拟运行控制电路。在发球瞬间,将 D 端的数据置入寄存器中,移位方式由 D 触发器 FFT（74LS74）输出控制。

当按动 S_{1A}（甲方）发球按钮,FFT 74LS74 触发器的输出 $Q=0$（$Q=1$）,使 $M_1=0$、$M_0=1$,为 74LS194 右移做好准备。而在手按下 S_{1A} 时,其输出为低电平,通过反相器"B"和或门"C",使 $M_1=M_0=1$;此时,在置数脉冲 f_1（高频率输入）作用下,将 74LS194 D_0、$D_1 \sim D_{14}$、D_{15} 端的状态置入 $Q_0 \sim Q_{15}$ 中;即 74LS194 – 1 的输出 $Q_1=1$,其余输出 Q 端均为 0。按动 S_{1A} 手松开时,或门"C"输出 0,这时移位寄存器在移位脉冲 f_2 作用下,向前移位,示意着乒乓球向前运动。由于 74LS194 – 1 的右移输入端 DSR 接地。所以只有 $Q_1=1$ 这一状态向前移动,当球运动到 Q_{12} 或 Q_{13} 位置时,乙方才可以击球。若在这时,按动乙方击球按钮 S_{2B} 就有效,触发器翻转,$M_0=0$、$M_1=1$,球向左移动。如果提前或滞后击球,均无效;这时或门"D"输出一脉冲,对方加 1 分。或一直不击球,则"1"移至 Q_{15},使或门"D"也输出一脉冲,对方胜,加 1 分。另一方（乙方）发球时,工作情况也是如此。

（2）计分电路

由 74LS160 十进制计数器完成二十一进制计数,当计到"21"分时,比赛一局结束,计数器重新回到零。译码器用 BCD 码七段译码驱动器 74LS248,显示器用共阴显示器 LC5011 – 11。

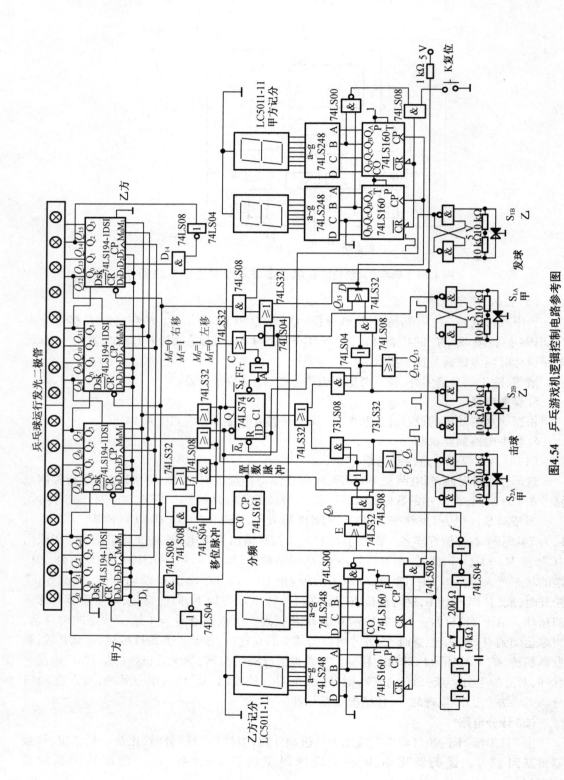

图4.54 乒乓游戏机逻辑控制电路参考图

（3）可调频率发生器

由 74LS04 反相器组成可调 TTL 环形振荡器,其输出 f 经 74LS161 分频后,作为移位脉冲 f_2;f_1 为置数脉冲,它是 f 和置数信号(或门"C"输出)相"与"而产生。

（4）击、发球开关

为了消除开关抖动,采用与非门组成的基本 RS 触发器进行整形,分别输出发球击球的脉冲信号。

（5）清零电路

乒乓球在运行过程中,按动手动复位按钮 K,可清除整个游戏电路当前的状态。

自动清零:每次发球后,若对方失分(误击球或未击中球),将移位寄存器清零。

4.3.9　足球比赛游戏机逻辑电路设计

1. 简述

足球比赛的场面是激动人心的,本课题就是模拟足球场上双方对垒比赛的场面。用数字系统控制足球比赛游戏机,足球游戏机控制电路框图如图 4.55 所示,其面板布置示意图如图 4.56 所示,球的运动用发光二极管表示。

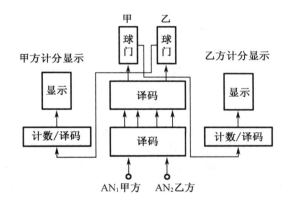

图 4.55　足球游戏机控制框图

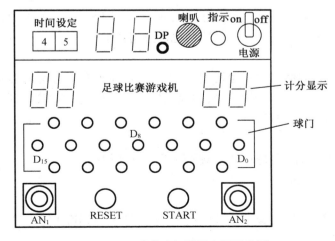

图 4.56　足球游戏机面板布置示意图

按足球比赛规则,该游戏机应具有以下功能。

(1)按动开始键后,中间发光二极管 D_8 亮,甲、乙双方比赛可以开始,可按动各自的比赛按钮。

(2)球进入球门,则自动加 1 分,一位显示满分为 9 分,二位显示满分为 99 分。

(3)比赛有时间要求,在规定时间内,分值高者为胜。

2. 设计任务和要求

用中小规模数字集成电路设计足球比赛游戏机逻辑控制线路图,具体任务要求如下。

(1)比赛时间可设定为 0 ~ 99 min。

(2)球可在甲乙双方操作下向前、向右移动,当进入对方球门后,将自动加分。

(3)比赛时,球进球门后,加分自动进行,但定时器不计时,必须等到按动"开始"键后,才开始定时计数。

(4)计分显示为 2 位数显,时间显示为 2 位显示。

(5)当比赛设定时间到,发光声、光警示、比赛结束,并停止比赛,高分者为获胜方。

3. 可选用器材

(1)XK 系列数字电子技术实验系统。

(2)直流稳压电源。

(3)集成电路:74LS154,74LS193,74LS390,74LS248 及门电路。

(4)拨码开关(8421 码)。

(5)显示器:LC5011 - 11,发光二极管。

(6)喇叭、按钮、开关。

4. 设计方案提示

足球比赛游戏机逻辑电路设计可以从以下几部分考虑。

(1)定时电路

用 8421 码拨码开关设置定时值,并使定时计数器按减法计数方式工作。秒信号由 555 定时器产生,经 60 分频后,输入到定时计数器的 CP 输入端。比赛定时时间到,控制声、光系统,并停止比赛。

(2)计分电路

当进球后,产生脉冲,使计分计数器加 1,这里选用十进制计数器,如 74LS160、74LS90 或 74LS390 等,译码显示器件可选用共阴的也可选用共阳的。

(3)足球运行模拟

可采用移位寄存器移位模拟,也可用计数器计数,译码来驱动发光二极管模拟。

当某一方进球后,若重新开始踢球,必须先按一下开始键"START",所以"START"应控制球在中间,并启动定时器减法计数。

5. 参考电路

根据设计任务和要求,足球比赛游戏机的逻辑电路控制参考图如图 4.57 所示。

6. 参考电路简要说明

(1)比赛电路

它是由 74LS193 可逆计数器,4 - 16 线译码器 74154,双 BCD 码十进制计数器 74LS390 和译码显示等芯体组成的。

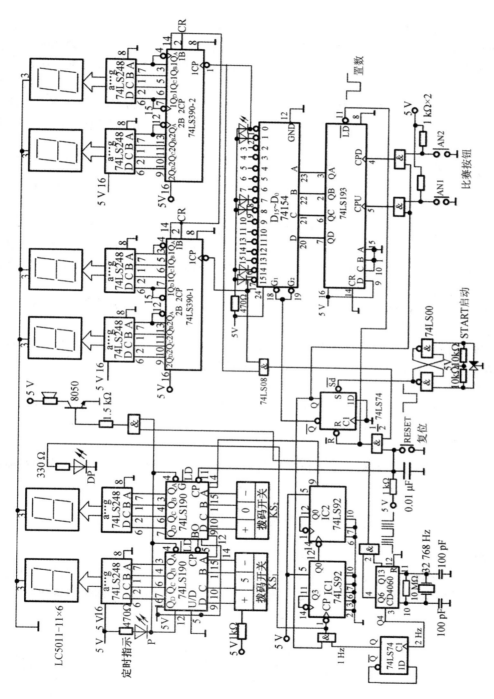

图4.57 足球比赛游戏机逻辑电路控制参考图

当按动"RESET"复位按钮后,74LS193 置入"1000",D_8 LED 灯亮,示意足球在球场中间。

当按动"START"启动按钮后,触发器(74LS74)Q 端输出高电平"1",允许比赛按钮 AN1,AN2 输入。按动 AN1 进行加法计数,按动 AN2 进行减法计数。这样,经译码输出后的发光二极管左右移动。若发光二极管移至 D_0 亮时,进右球门,74LS390 – 2 计数一次;反之。若发光二极管移至 D_{15} 亮时,进左球门,74LS390 – 1 计数 1 次。无论 D_0 还是 D_{15} 亮(1),都使 74LS74 D 触发器清"0"。$Q = 0$,使 AN1、AN2 输入无效,74154 使能为高电平(禁止)。只有再按动"START"启动键后,D 触发器为 1,AN1、AN2 方可输入,且 74154 使能为低电平(选中)。

(2)定时电路

它是由时间设定拨码开关,减法计数器 74LS190,译码显示 74LS248、LC5011 – 11 及秒脉冲电路组成的。

比赛前,先设定比赛时间,例如 50 min,则置 8421 拨码开关 $KS_1 = 5$、$KS_2 = 0$。

当按动"RESET"键后,"50"就置入 74LS190 中,按动启动按键后,D 触发器的输出 $Q = 1$,秒脉冲有输出,使 DP 一秒一闪,同时经 IC1 74LS90 和 IC2 74LS92 60 分频后,变成分脉冲输出,定时器每一分钟减 1。

若比赛进球,使 D 触发器翻转 $Q = 0$,这时,计数器停止计数。只有再按动"START"启动按钮后,比赛允许进行时,定时器再作减法计数。

当定时时间到,即高位 74LS190 M_0/M_1 端输出一个高电平,使定时指示灯(P)灭,而喇叭"嘟嘟"响起来,告知比赛操作者定时时间到,比赛结束。

(3)振荡电路

振荡电路采用 CD4060 将 32768 Hz 晶振分频为 2 Hz,再一次分频获得 1 Hz,Q_6 和 Q_{13} 相"与"后,产生间隙振荡频率输出。

(4)操作按钮

AN1、AN2 不加防抖电路,主要是恰当地利用 74LS193 误计数、误动作,而实现远距离射门。

4.3.10　家用电风扇控制逻辑电路设计

1. 简述

目前,人们家庭所用的电风扇正越来越多地采用电子控制线路来取代原来的机械控制器,这使得电风扇的功能更强,操作也更为简便。图 4.58 为电风扇操作面板示意图。

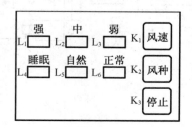

图 4.58　电风扇操作面板示意图

在面板上,六个指示灯指示电扇的状态,三个按键分别选择不同的操作——风速、风种、停止。电风扇操作状态转换图如图 4.59 所示。

(1)电扇处于停转状态时,所有指示灯不亮。此时只有按"风速"键电扇才会响应,其初始工作状态为"风速"弱且"风种"正常位置,且相应的指示灯亮。

(2)电扇一经启动后,再按动"风速"键可循环选择弱、中或强三种状态中的任何一种状态。同样,按动"风种"键可循环选择正常、自然或睡眠三种状态的某一种状态。

(3)在电扇任意工作状态下,按"停止"键电扇停止工作,所有指示灯熄灭。

"风速"的弱、中、强对应电扇的转动由慢到快。

"风种"在正常位置是指电扇连续运转;"风种""自然"位置,是表示电扇模拟产生自然风,即运转 4 s,间断 4 s 的方式;"风种"在"睡眠"位置,产生轻柔的微风,即电扇运转 8 s、间断 8 s 的方式。

电扇操作状态的所有变换过程如图 4.59 所示。

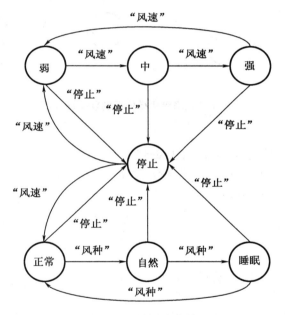

图 4.59 电扇操作状态转换图

2. 设计任务和要求

用中小规模数字集成电路实现电风扇控制器的控制功能,具体要求如下。

(1)用三个按键来实现"风速""风种""停止"的不同选择。

(2)用六个发光二极管分别表示"风速""风种""停止"的三种状态。

(3)电扇在停转状态时,只有按"风速"键才有效,按其余两键不响应。

(4)优化设计方案,使整个电路采用的集成块尽可能少。

3. 可选用器材

(1)XK 系列数字电子技术实验系统。

(2)直流稳压电源。

(3)集成电路:74LS74,74LS151,74LS175 及门电路。

（4）发光二极管、电阻。

（5）按键开关。

4. 设计方案提示

（1）状态锁存器

"风速""风种"这两种操作各有三种工作状态和一种停止状态需要保存和指示，因而对于每种操作都可采用三个触发器来锁存状态，触发器输出 1 表示工作状态有效，0 表示无效，当三个输出全 0 则表示停止状态。

为了简化设计，可以考虑采用带有直接清零端的触发器，这样将停止键与清零端相连就可以实现停止的功能，简化后的状态转换图如图 4.60 所示。

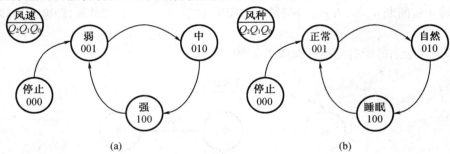

图 4.60　电扇简化操作后的状态转换图

（a）风速；（b）风种

图 4.60 中横线下的数字为 Q_2，Q_1，Q_0 的输出信号。

根据图 4.60 状态转换图，利用卡诺图化简后，可得到 Q_0，Q_1，Q_2 的输出信号逻辑表达式（适用于"风速"及"风种"电路），即

$$Q_0^{n+1} = Q_1^n Q_0^n$$

$$Q_1^{n+1} = Q_0^n$$

$$Q_2^{n+1} = Q_1^n$$

状态锁存器可选用 4D 上升沿触发器 74LS175 构成。

（2）触发脉冲的形成

根据前面的逻辑表达式，我们可以利用 D 触发器建立起"风速"及"风种"状态锁存电路，但这两部分电路输出信号状态的变化还有赖于各自的触发脉冲。在"风速"部分的电路中，可以将"风速"按键（K_1）所产生的脉冲信号作为 D 触发器的触发脉冲。而"风种"部分电路的触发脉冲 CP 则是由"风速"（K_1）、"风种"（K_2）按键的信号和电扇工作状态信号（设 ST 为电扇工作状态，$ST = 0$ 停，$ST = 1$ 运转）三者组合而成的。当电扇处于停止状态（$ST = 0$）时，按 K_2 键无效，CP 信号将保持低电平；只有按 K_1 键后，CP 信号才会变成高电平，电扇也同时进入运转状态（$ST = 1$）。进入运转状态后，CP 信号不再受 K_1 键的控制，而是由 K_2 键控制。由此可列出如表 4.5 所示的 CP 信号状态表。因而从表 4.6 所示的 ST 信号状态表可得 $ST = \overline{Q_0}\ \overline{Q_1}\ \overline{Q_2}$。当 $ST = 0$ 时，表示电扇停转。$ST = 1$ 时，表示电扇运转。最终，可以得到 CP 的逻辑表达式 $CP = K_1\ \overline{Q_0}\ \overline{Q_1}\ \overline{Q_2} + K_2\ \overline{\overline{Q_0}\ \overline{Q_1}\ \overline{Q_2}}$。

表 4.5　*CP* 信号状态表

K_2	K_1	ST	CP
0	0	0	0
0	0	1	0
0	1	0	1
0	1	1	0
1	0	0	0
1	0	1	1
1	1	0	1
1	1	1	1

表 4.6　*ST* 信号状态表

强(Q_2)	中(Q_1)	弱(Q_0)	ST
0	0	0	0
0	0	1	1
0	1	0	1
0	1	1	1
1	0	0	1
1	0	1	1
1	1	0	1
1	1	1	1

（3）电动机转速控制端

由于电扇电动机的转速通常是通过电压来控制的,而我们要求弱、中、强三种转速,因而在电路中需要考虑三个控制输出端(弱、中、强),以控制外部强电线路(如可控硅触发电路)。这三个输出端与指示电扇转速的三个端子不同,还需考虑"风种"的不同选择方式。如果用 1 表示某挡速度的选通,用 0 表示某挡速度的关断,那么"风种"信号的输入就将使得某挡电动机速度被连续或间断地选中,例如风种选择"自然"风,风速选择"中"时,电机将运行在中速并开"4 秒"停"4 秒",反映到面板上为 L_2 和 L_5 灯亮。表现在转速控制端就是出现连续的 1 和 0 状态。

5. 参考电路

根据题目的具体要求,家用电扇逻辑控制电路参考图如图 4.61 所示。

6. 参考电路简要说明

参考电路图 4.61 可以从以下几个部分予以说明。

（1）状态锁存器电路

"风速""风种"两组状态锁存电路均用两片 4D 触发器 74LS175 构成,每片三只 D 触发器的输出端分别与三个状态指示灯相连。每片 74LS175 的清零端(R)均与停止键(K_3)相连,利用按键所产生的低电平信号将所有状态清零。

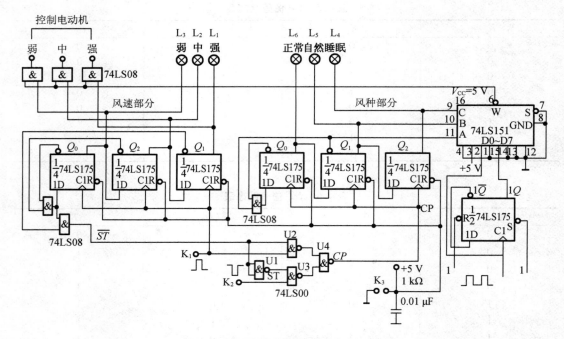

图 4.61　家用电风扇控制逻辑电路参考图

（2）触发脉冲电路

键 K_1 按动形成的脉冲信号作为"风速"状态锁存电路的触发信号。键 K_1、K_2 及部分门电路 74LS00、74LS08 构成了"风种"状态锁存电路的触发信号 CP。电扇停转时，$ST = 0$，$K_1 = 0$，故图 4.61 中与非门 U2 输出为高电平，U3 输出也为高电平，因而 U4 输出的 CP 信号为低电平。当按下 K_1 键后，K_1 输出高电平，U2 输出低电平，故 CP 变为高电平，并使 D 触发器翻转，"风种"功能处于"正常"状态。同时，由于 K_1 键输出的是上升沿信号，也使"风速"电路的触发器输出处于"弱"状态，电扇开始运行，$ST = 1$。电扇运转后，U2 输出始终为高电平，这样 CP 信号与 K_2 的状态相同。每次按下 K_2 并释放后，CP 信号上就会产生一个上升沿使"风种"状态发生变化。在工作工程中，CP 的波形图如图 4.62 所示。

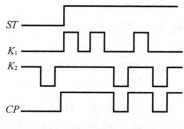

图 4.62　CP 波形图

在参考电路图 4.61 中，K_1 平时为低电平，而 K_2 平时为高电平，在实验时，可选用实验箱中的单次脉冲开关表示 K_1、K_2。

（3）"风种"三种方式的控制电路

在"风种"的三种选择方式中，在"正常"位置时，风扇为连续运行方式，在"自然"和"睡眠"位置时,风扇为间断运行方式。参考电路中,采用74LS151(8 选 1 数据选择器)作为"风种"方式控制器,由 74LS175 的三个输出端选中其中的某一种方式。间断工作时,电路中用了一个 8 s 计时周期的时钟信号作为"自然"方式的间断控制,二分频后再作为"睡眠"方式的控制输入,如图 4.63 所示波形。

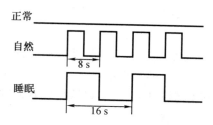

图 4.63 "风种"三种工作方式波形图

4.3.11 多种波形发生器电路设计

1. 简述

波形发生器是用来产生一种或多种特定波形的装置。这些波形通常有正弦波、方波、三角波、锯齿波等等。以前,人们常用模拟电路来产生这些波形,其缺点是电路结构复杂,所产生的波形种类有限。随着数字电子技术的发展,采用数字集成电路来产生各种波形的方法已变得越来越普遍。虽然,用数字量产生的波形会呈微小的阶梯状,但是只要提高数字量的位数即提高波形的分辨率,所产生的波形就会变得平滑。用数字方式的优点是,电路简单,改变输出波形极为容易。下面将说明以波形数据存储器为核心来实现波形发生器的原理。

用波形数据存储器记录所要产生的波形,并将其在地址发生器作用下所产生的波形的数字量经过数 − 模转换装置转换成相应的模拟量,以达到波形输出的目的。其实现的原理如图 4.64 所示。

图 4.64 多种波形发生器框图

2. 设计任务和要求

设计一个多种波形发生器,其具体要求如下。

(1)实现多种波形的输出。这些波形包括正弦波、三角波、锯齿波、反锯齿波、梯形波、方波、阶梯波等等。

(2)要求输出的波形具有 8 位数字量的分辨率。

(3)能调整输出波形的周期和幅值。

(4)能用开关方便地选择某一种波形的输出。

3. 可选用器材

(1)XK 系列数字电子技术实验系统。

(2)稳压电源。

(3)集成电路:74LS161,2716,DAC0832,NE4558。

（4）电阻、开关、可变电阻。

（5）IBM – PC 计算机（或兼容机），EPROM 编程器。

（6）万用表、示波器。

4. 设计方案提示

下面将对地址发生器、波形数据存储器、数/模转换器三部分分别加以说明。

（1）地址发生器的组成

地址发生器所输出的地址位数决定了每一种波形所能拥有的数据存贮量。但在同一地址发生频率下，波形存贮量越大输出的频率越低。考虑到我们要求输出波形具有 8 位数字量的分辨率，因而可将地址发生器设计成八位，以获得较好的输出效果。如果地址发生器高于八位，那么输出波形的分辨率将会受到影响。

选用两片四位二进制计数器 74LS161 组成八位地址发生器，其最高工作频率可达到 32 MHz。

（2）波形数据存储器

8 位地址发生器决定了每种波形的数据存贮量为 256 字节。因为总共要输出 8 种波形，故存贮量为 2K 字节。可选用 2716 EPROM 作为波形数据存储器。8 种波形在存储器中的地址分配如图 4.65 所示。

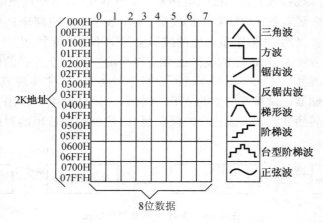

图 4.65 EPROM 的地址和数据所对应的波形图

存贮在 EPROM 中的波形数据是通过将一个周期内电压变化的幅值按 8 位 D/A 分辨率分成 256 个数值而得到的。例如，正弦波的数据可按公式 $D = 128(1 + \sin 360/255 x)$，（$x = 0, \cdots, 255$）计算得到。锯齿波的计算公式为 $D = x, x = 0, \cdots, 255$。

（3）数/模转换器

可采用具有 8 位分辨率的 D/A 转换集成芯片 DAC0832 作为多种波形发生器中的数/模转换器。由于多种波形发生器只使用一路 D/A 转换，因而 DAC0832 可连接成单缓冲器方式。另外，因 DAC0832 是一种电流输出型 D/A 转换器，要获得模拟电压输出时，需外接运放来实现电流转换为电压。

由于在实际使用中输出波形不仅需要单极性的，有时还需要双极性的，因而可用两组运算放大器作为模拟电压输出电路，运放可选用 NE4558，其片内集成了两个运算放大器。

5. 参考电路

图 4.66 是多种波形发生器的参考电路。

6. 参考电路简要说明

（1）2716 EPROM 的地址信号

两片 74LS161 级联成八位计数器，其两组 $Q_3 \sim Q_0$ 输出作为 2716 的低八位地址 $A_7 \sim A_0$，这样，读出一个周期的波形数据需 256 个 CP 脉冲，故输出波形的频率为 CP 时钟脉冲频率的 1/256。2716 的高三位地址（$A_{10} \sim A_8$）用作波形选择，它们与三个选择开关相连。利用开关的不同设置状态，可选择八种波形中的任意一种。

（2）DAC0832 的单缓冲器方式

在电路中 DAC0832 被接成单缓冲器方式。它的 ILE 与 +5 V 相连，$\overline{CS}$，$\overline{XFER}$，$\overline{WR_2}$ 与 GND 相连，WR_1 与 CP 信号相连。这样 DAC0832 的 8 位 DAC 寄存器始终处于导通状态，因此当 CP 变为低电平时，数据线上的数据便可直接通过 8 位 DAC 寄存器，并由其 8 位 D/A 转换器进行转换。

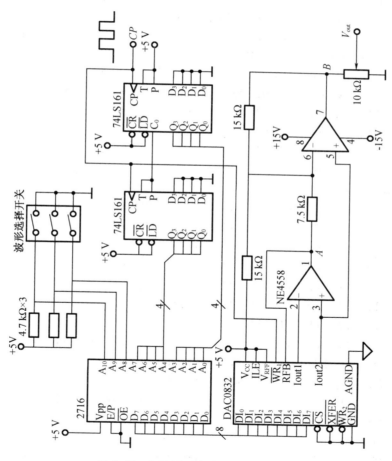

图 4.66　多种波形发生器参考电路图

（3）波形的输出和调整

在图 4.66 中，DAC0832 输入的电流信号经过双运放 NE4558 被转换成 −5 V ～0（图中

A 点),再经过一级运放后得到了双极性输出 ±5 V(图中 B 点)。

通过改变 CP 脉冲的频率可得到不同周期的输出波形,而对图 4.66 中可变电阻的调节则可改变输出波形的幅值。

(4)波形数据

下面给出了 2716 EPROM 中 8 种波形的数据及其地址,可用 EPROM 编程器将这些数据写入 2716 EPROM 中,波形输出用示波器观察。

①三角波(0 ~ 0FFH)

```
00  02  04  06  08  0A  0C  0E  -  10  12  14  16  18  1A  1C  1E
20  22  24  26  28  2A  2C  2E  -  30  32  34  36  38  3A  3C  3E
40  42  44  46  48  4A  4C  4E  -  50  52  54  56  58  5A  5C  5E
60  62  64  66  68  6A  6C  6E  -  70  72  74  76  78  7A  7C  7E
80  82  84  86  88  8A  8C  8E  -  90  92  94  96  98  9A  9C  9E
A0  A2  A4  A6  A8  AA  AC  AE  -  B0  B2  B4  B6  B8  BA  BC  BE
C0  C2  C4  C6  C8  CA  CC  CE  -  D0  D2  D4  D6  D8  DA  DC  DE
E0  E2  E4  E6  E8  EA  EC  EE  -  F0  F2  F4  F6  F8  FA  FC  FE
FE  FC  FA  F8  F6  F4  F2  F0  -  EF  EC  EA  E8  E6  E4  E2  E0
DE  DC  DA  D8  D6  D4  D2  D0  -  CE  CC  CA  C8  C6  C4  C2  C0
BE  BC  BA  B8  B6  B4  B2  B0  -  AE  AC  AA  A8  A6  A4  A2  A0
9E  9C  9A  98  96  94  92  90  -  8E  8C  8A  88  86  84  82  80
7E  7C  7A  78  76  74  72  70  -  6E  6C  6A  68  66  64  62  60
5E  5C  5A  58  56  54  52  50  -  4E  4C  4A  48  46  44  42  40
3E  3C  3A  38  36  34  32  30  -  2E  2C  2A  28  26  24  22  20
1E  1C  1A  18  16  14  12  10  -  0E  0C  0A  08  06  04  02  00
```

②方波(0100 ~ 01FFH)

```
FF  FF  FF  FF  FF  FF  FF  FF  -  FF  FF  FF  FF  FF  FF  FF  FF
FF  FF  FF  FF  FF  FF  FF  FF  -  FF  FF  FF  FF  FF  FF  FF  FF
FF  FF  FF  FF  FF  FF  FF  FF  -  FF  FF  FF  FF  FF  FF  FF  FF
FF  FF  FF  FF  FF  FF  FF  FF  -  FF  FF  FF  FF  FF  FF  FF  FF
FF  FF  FF  FF  FF  FF  FF  FF  -  FF  FF  FF  FF  FF  FF  FF  FF
FF  FF  FF  FF  FF  FF  FF  FF  -  FF  FF  FF  FF  FF  FF  FF  FF
FF  FF  FF  FF  FF  FF  FF  FF  -  FF  FF  FF  FF  FF  FF  FF  FF
00  00  00  00  00  00  00  00  -  00  00  00  00  00  00  00  00
00  00  00  00  00  00  00  00  -  00  00  00  00  00  00  00  00
00  00  00  00  00  00  00  00  -  00  00  00  00  00  00  00  00
00  00  00  00  00  00  00  00  -  00  00  00  00  00  00  00  00
00  00  00  00  00  00  00  00  -  00  00  00  00  00  00  00  00
00  00  00  00  00  00  00  00  -  00  00  00  00  00  00  00  00
00  00  00  00  00  00  00  00  -  00  00  00  00  00  00  00  00
```

③锯齿波（0200～02FFH）

00	01	02	03	04	05	06	07	–	08	09	0A	0B	0C	0D	0E	0F
10	11	12	13	14	15	16	17	–	18	19	1A	1B	1C	1D	1E	1F
20	21	22	23	24	25	26	27	–	28	29	2A	2B	2C	2D	2E	2F
30	31	32	33	34	35	36	37	–	38	39	3A	3B	3C	3D	3E	3F
40	41	42	43	44	45	46	47	–	48	49	4A	4B	4C	4D	4E	4F
50	51	52	53	54	55	56	57	–	58	59	5A	5B	5C	5D	5E	5F
60	61	62	63	64	65	66	67	–	68	69	6A	6B	6C	6D	6E	6F
70	71	72	73	74	75	76	77	–	78	79	7A	7B	7C	7D	7E	7F
80	81	82	83	84	85	86	87	–	88	89	8A	8B	8C	8D	8E	8F
90	91	92	93	94	95	96	97	–	98	99	9A	9B	9C	9D	9E	9F
A0	A1	A2	A3	A4	A5	A6	A7	–	A8	A9	AA	AB	AC	AD	AE	AF
B0	B1	B2	B3	B4	B5	B6	B7	–	B8	B9	BA	BB	BC	BD	BE	BF
C0	C1	C2	C3	C4	C5	C6	C7	–	C8	C9	CA	CB	CC	CD	CE	CF
D0	D1	D2	D3	D4	D5	D6	D7	–	D8	D9	DA	DB	DC	DD	DE	DF
E0	E1	E2	E3	E4	E5	E6	E7	–	E8	E9	EA	EB	EC	ED	EE	EF
F0	F1	F2	F3	F4	F5	F6	F7	–	F8	F9	FA	FB	FC	FD	FE	FF

4.3.12　鉴相倍频逻辑电路设计

1. 简述

鉴向倍频逻辑电路由两部分组成：倍频电路和鉴向电路。

（1）倍频电路

倍频电路的倍频系数因设计要求不同而异。不言而喻，倍频系数越高，其电路越复杂。为简便起见，此处仅介绍四倍频电路的设计方法。

四倍频的含义：输入信号变化一个周期使输出信号变化四个周期，输出信号频率提高为输入信号频率的四倍。

该电路的输入信号是两个相差为90°的方波信号，分别用 A 和 B 表示，如图4.67所示。显然，在方波信号变化的一个周期内，A、B 两信号共有四个"沿"。四倍频电路的设计关键就在于检出这四个"沿"，实现四倍频，其输出信号如图4.67所示，分别用 M_1，M_2，M_3，M_4 表示。

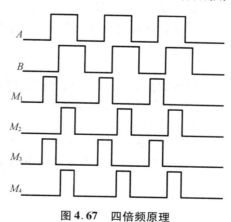

图4.67　四倍频原理

（2）鉴向电路

这种电路是由于输入信号 A、B 之间相位关系发生变化而使鉴向电路的输出发生变化。这种电路的设计方法一般有两种：一种是在电路中设计两路输出，一路输出脉冲信号，另一路输出方向信号；另一种则是在电路中设计两路输出，一路输出正向脉冲，如 A 超前 B 时该路有脉冲输出，另一路输出反向脉冲，如 A 滞后 B 时，该路有脉冲输出。

A、B 两相信号经四倍频及鉴向电路处理后，便可获得能鉴别 A、B 两信号相位关系（超前或滞后）的四倍频脉冲信号。

2. 设计任务和要求

（1）采用正、负脉冲输出方法设计鉴向倍频电路。

（2）用 JK 触发器构成分相电路，利用标准信号发生器发出的时钟信号产生 A、B 两个信号，并用双向开关控制 A、B 相位的超前及滞后关系。

（3）用两位 BCD 码计数器、译码器及数码管构成计数、译码显示电路，用此电路对鉴向输出脉冲计数及显示，并通过双向开关改变 A、B 相位的超前、滞后关系，观察显示数值的变化。

（4）改变 CP 脉冲的频率，观察有关信号的波形，并分析 CP 脉冲频率与 A（或 B）信号频率的关系。

3. 可选用器材

（1）XK 系列数字电子技术实验系统。

（2）直流稳压电源。

（3）示波器。

（4）开关、电阻。

（5）集成电路：74LS73，74LS74，74LS153，74LS193，74LS248 及门电路等。

（6）显示器 LC5011 – 11。

4. 设计方案提示

鉴向倍频电路由两部分组成。

（1）四倍频电路设计

在图 4.67 中，若取输出脉冲 $M_1 \sim M_4$ 的宽度为 CP，那么可以考虑 M_1、M_2 通过 A 信号驱动，CP 脉冲触发的相差是由 CP 的两个信号进行相应组合获得；M_3、M_4 同样可以通过 B 信号驱动，CP 脉冲触发的两信号进行相应组合获得，波形如图 4.68 所示，通过对波形的分析可以得出

$$M_1 = Q_1 \cdot Q_2, \quad M_2 = \overline{Q_1} \cdot Q_2, \quad M_3 = Q_3 \cdot Q_4, \quad M_4 = \overline{Q_3} \cdot Q_4$$

其中，Q_1、Q_2 可以由 A 信号驱动的两个 D 触发器输出端获得；Q_3、Q_4 可以由 B 信号驱动的两个 D 触发器输出端获得。

（2）鉴向电路设计

采用正、负脉冲两路输出的设计方法，其主要思路为：当 A 信号超前 B 信号时，A、B 经过四倍频后产生的 $M_1 \sim M_4$ 四个脉冲信号由正脉冲输出端输出；当 B 信号超前 A 信号时，$M_1 \sim M_4$ 四个脉冲信号由负脉冲输出端输出。

假设：A 超前 B 时，$M_1 \sim M_4$ 由 y_1 端输出，波形如图 4.69 所示；B 超前 A 时，$M_1 \sim M_4$ 由 y_2 端输出，波形如图 4.70 所示。根据波形图可以得到最简单的鉴向电路应该采用 74LS153 "双 4 选 1"芯片。

此外，为调试需要，还应设计分相电路，以获得 A、B 两个相差为 90°的信号；另外还应设计计数译码显示电路，以观察设计结果。

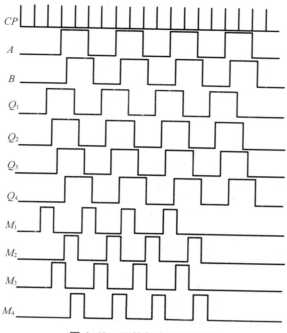

图 4.68　四倍频电路波形图

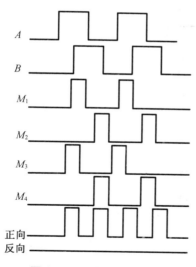

图 4.69　正向输出波形图

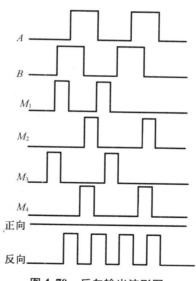

图 4.70　反向输出波形图

5. 参考电路

根据题目的具体要求,鉴向倍频参考逻辑电路图如图 4.71 所示。

6. 参考电路简要说明

图 4.71 所示的鉴向倍频参考逻辑电路主要包括四部分,以下分别介绍。

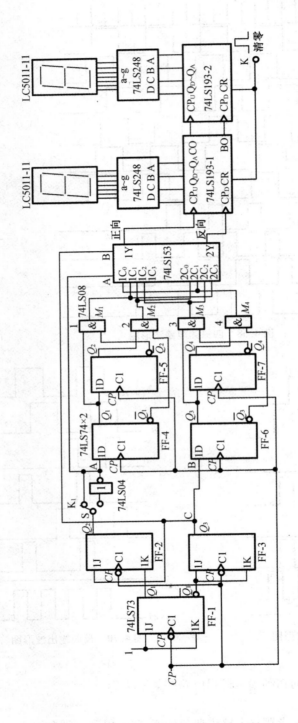

图4.71 鉴向倍频参考逻辑电路图

（1）分相电路

它由 FF－1、FF－2、FF－3 三个 JK 触发器组成，FF－1 为一个二分频器，利用其 Q_1 与 $\overline{Q_1}$ 端控制 FF－2 及 FF－3，使之输出的两个信号正交即相差 90°。K_1 拨至下方，A 超前 B 90°；K_1 拨至上方，A 滞后 B 90°。C 接至 FF－2 的 J 端，保证了不论初始状态如何，S 端波形落后于 C 波形 90°。分相电路波形如图 4.72 所示。

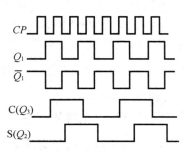

图 4.72　分相电路波形图

（2）四倍频电路

该电路由 FF－4，FF－5，FF－6，FF－7 及四个与门组成。由于 FF－4 和 FF－5 触发状态变化时间差一个 CP 周期，因此其输出 Q_1 和 Q_2 相位亦相差一个 CP，通过与门 1 和与门 2 组合输出 Q_1 即 A 信号的两个"沿"脉冲 M_1 和 M_2。同样，FF－6、FF－7 和与门 3、与门 4 完成对 Q_3 即 B 信号的两个"沿"脉冲 M_3 和 M_4 的输出。

（3）鉴向电路

它由 74LS153"双 4 选 1"芯片构成，其功能如表 4.7 所示。根据真值表可得输出方程为

$$Y = \overline{ENB} \cdot \overline{ENA} \cdot C_0 + \overline{ENB} \cdot ENA \cdot C_1 + ENB \cdot \overline{ENA} \cdot C_2 + ENB \cdot ENA \cdot C_3$$

表 4.7　74LS153 功能表

数据选择		输出
ENB	ENA	Y
0	0	C_0
0	1	C_1
1	0	C_2
1	1	C_3

（4）计数译码显示电路

它由 74LS193－1、74LS193－2 两个计数器，74LS248－1、74LS248－2 两个译码驱动器及 LC5011－11 共阴极七段数码管和清零电路组成，两位数码管显示最大值为 99。在参考原理图中，各芯片的电源、地以及管脚未引出和标注，实验时查阅有关手册即可。

4.3.13　脉冲调相器控制电路设计

1. 简述

脉冲调相器又称数字相位变换器，它是一种脉冲加减电路，即通过对输入脉冲信号进行加、减处理，使电路输出信号的相位作超前或滞后变化。如果输入脉冲频率为输出信号频率的 N 倍，则每加一个脉冲，输出信号相位超前变化 360°/N，每减一个脉冲，输出信号相位滞

后变化 $360°/N$。设计这种变换器可采用计数器设计,也可以用触发器来设计。在此着重介绍如何用计数器构成脉冲调相器。

当用一个时钟脉冲去触发容量相同的两个计数器使它们做加法计数时,这两个计数器的最后一级输出是两个频率大大降低的同频率同相位信号。假设时钟的频率为 F,计数器的容量为 N,则这两个计数器的最后一级输出频率为 $f = F/N$。

如果在时钟脉冲触发两个计数器之前,先向其中一个计数器加 x,计数器输入一定数量脉冲 Δx,则当时钟脉冲触发两个计数器以后,两计数器输出信号频率仍相同,但相位就不相等了。N 个时钟脉冲使标准计数器的输出变化一个周期,即 $360°$;$N + \Delta x$ 个脉冲使 x 计数器的输出在变化一个周期(即 $360°$)后又变化 $\phi = \dfrac{360°}{N}\Delta x$,即超前标准计数器一个相位 ϕ。以后每来 N 个时钟脉冲,两个计数器都变化一个周期。

若在时钟脉冲触发两个计数器的过程中,控制某一信号源给 x 计数器加入一定量的脉冲 $+\Delta x$,这样便使得 x 计数器输出的信号相位超前于标准触发器 $\phi = \dfrac{\Delta x}{N} \times 360°$;反之,若加入的脉冲为 $-\Delta x$,也就是使 x 计数器在时钟触发的过程中减去 Δx 个脉冲,则计数器输出的信号的相位滞后于标准计数器 $\phi = \dfrac{360°}{N} \cdot \Delta x$。

实际应用中,$\pm \Delta x$ 脉冲频率比时钟脉冲频率低得多。实际设计时,可控制 Δx 一个一个慢慢加入,以使计数器输出信号的相位逐渐发生变化。

2. 设计任务要求

(1)用计数器或 JK 触发器构成脉冲调相器。

(2)用单次脉冲产生 $\pm \Delta x$,手动控制 $\pm \Delta x$ 的加入,要求其频率至少低于 $\dfrac{1}{4f_{cp}}$(f_{cp} 为标准时钟的频率)。

(3)在控制 $\pm \Delta x$ 加入的过程中,用示波器观察调相器输出信号相位的变化。

3. 可选用器材

(1)XK 系列数字电子技术实验系统。

(2)直流稳压电源。

(3)示波器。

(4)开关、电阻。

(5)集成电路:74LS73,74LS74,74LS193 及门电路等。

4. 设计方案提示

用计数器实现数字相位变换的关键在于,在计数脉冲向 x 计数器输入的过程中,如何再加入一定的 $+\Delta x$ 脉冲或用 $-\Delta x$ 脉冲去抵消一定量的计数脉冲。显然,$\pm \Delta x$ 脉冲是不能与计数脉冲重叠的。

这时可以考虑用两个不同步的信号加以保证,其中一个信号作为计数脉冲,另一个信号作为 $\pm \Delta x$ 的同步信号,也就是说,我们可以利用一种电路(称为同步电路)使随机出现的 $\pm \Delta x$ 信号与另一个信号同步出现。这两个信号可以由信号发生器输出的标准时钟脉冲信号 CP(频率为 f_{cp})分解得到,如图 4.73 所示,分别表示为 F_A,F_B。F_A,F_B 频率均为 $\dfrac{1}{2f_{cp}}$。因此要获得 F_A、F_B 信号,首先应该获得 CP 的一个二分频信号,如图 4.73 所示,用 Q 表示,从波形图中可以直接得到如下关系式:

$$F_A = Q \cdot CP, F_B = Q \cdot CP$$

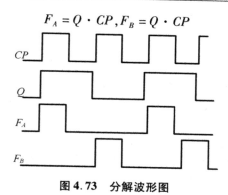

图 4.73　分解波形图

上述两式用触发器很容易实现。若以 F_A 作为计数脉冲,那么 F_B 则作为 $\pm \Delta x$ 的同步脉冲控制信号。F_B 与 $\pm \Delta x$ 的同步可由同步电路来实现,如图 4.74 所示。

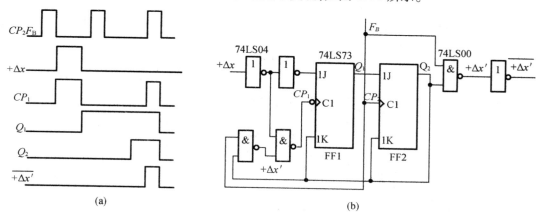

图 4.74　同步电路工作波形及电路图

(a)同步电路工作波形;(b)同步电路图

该电路不仅能获得时间上与 F_B 一致的同步信号,而且能保证该同步信号具有与 F_B 相同的脉宽,这点对整个电路的正常工作非常重要。

鉴于该同步电路设计过程比较复杂,难度较大,在设计时可不作要求,只要搞清楚其工作原理即可。

同步电路保证了 $\pm \Delta x$ 信号和计数脉冲信号 F_A 不重叠。如果用可逆计数器构成计数电路,那么计数脉冲 F_A 和调相脉冲 $\pm \Delta x'$ 应通过同一通道进入其加脉冲计数端 CP_u,它们之间的关系如状态表 4.8 所示。

表 4.8　F_A、$\overline{+\Delta x'}$ 及 CP_u 状态

F_A	$\overline{+\Delta x'}$	CP_u
0	0	0
0	1	1
1	0	1
1	1	不会出现

由真值表得出：$CP_u = \overline{\overline{F_A} \cdot \overline{(+\Delta x')}} = \overline{\overline{F_A}(+\Delta x')}$。$-\Delta x'$则直接与计数器减计数端 CP_D 相连，以抵消一定的计数脉冲。

用触发器设计脉冲调相器时，其关键问题是如何实现脉冲的加减。实现的途径是多种多样的，可以用加或减两路时钟脉冲实现，也可以用加减控制信号控制一路时钟脉冲的增加使输入信号相位前移，或通过阻塞时钟脉冲的方式实现相位后移，亦即减脉冲的方式实现。

5. 参考电路

根据设计任务和要求，其参考电路见图 4.75 和图 4.76 所示。

图 4.75 和图 4.76 分别是用两种不同方法实现的脉冲调相器控制电路。

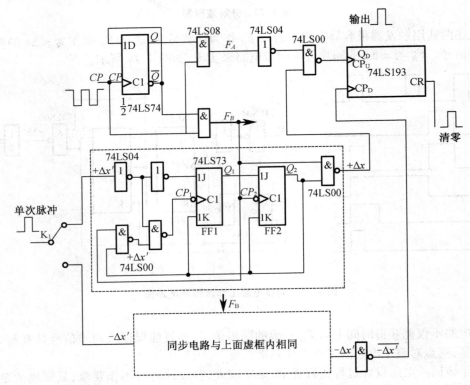

图 4.75　用可逆计数回路实现的脉冲调相电路图

6. 参考电路说明

图 4.75 所示电路为用计数器实现的脉冲调相器，它主要由以下三部分组成。

（1）信号分解电路

它由 D 触发器和两个与门组成。74LS74 D 触发器为二分频器，其输出的 Q 和 $\overline{Q}$ 与 CP 脉冲相"与"后，产生两个频率为 CP 频率的二分之一、脉宽与 CP 相等的异步信号 F_A 和 F_B；F_A 作为可逆计数器的计数时钟信号，F_B 则作调相脉冲信号 $\pm \Delta x$ 的同步控制信号。

（2）同步电路

它由 JK 触发器、非门及与非门组成，共两组，分别为 $+\Delta x$ 及 $-\Delta x$ 的同步电路，其输出为 $CP_1 = \overline{\overline{Q_2 \cdot CP_2} \cdot \overline{(+\overline{\Delta x})}} = Q_2 \cdot CP_2 + (+\Delta x)$。当 $+\Delta x$ 到达时，CP_1 输入 FF1，使其翻

转,FF2 在时钟脉冲作用下翻转,输出同步脉冲 $+\Delta x'$,Q_2 与 K 连接,保证 $+\Delta x'$ 只有一个脉冲输出,当 $+\Delta x$ 没有到达时,Q_2 为零,$\Delta x'$ 也为零。另一组情况与之相同。

（3）可逆回路

其核心为可逆计数器 74LS193。由于前面两部分电路保证 F_A 与 $+\Delta x'$ 及 $-\Delta x'$ 不重叠,因此在计数器对 F_A 计数使其输出信号作周期变化期间,若出现 $+\Delta x$ 或 $-\Delta x$,则计数器也对其作加或减计数,使之输出信号超前或滞后变化一个相位。图 4.75 中每一个 $\pm\Delta x$ 信号,输出信号 Q_D 超前或滞后变化 90°。$\pm\Delta x$ 调相脉冲信号可由单次脉冲发出。双开关 K_1 拨至上方,发出脉冲为 $+\Delta x$,拨至下方发出脉冲为 $-\Delta x$。

图 4.75 所示的调相电路中并没有真正引入标准计数器,标准计数器仅是在分析原理时为方便起见而引入的一个比较对象,实际上并不需要连它。

图 4.76(a)是用 JK 触发器构成的脉冲调相器,其中 M 为输入指令信号,CP 为调相时钟信号,J 为减脉冲控制信号。$J=0$ 时,电路减去一个 CP,M 相位后移;$J=1$ 时,电路增加一个 CP,M 相位前移。工作波形如图 4.76(b)所示。在图 4.76 中,相位后移是通过阻塞时钟脉冲方式实现的,亦即减脉冲方式,而相位的前移则需要增加时钟脉冲,电路中采用减一个时钟脉冲和在二分频脉冲中增加一个时钟脉冲的方法实现。减一个时钟周期和加一个二分频脉冲周期,即 $-1+2=1$,相当于增加了一个时钟脉冲。

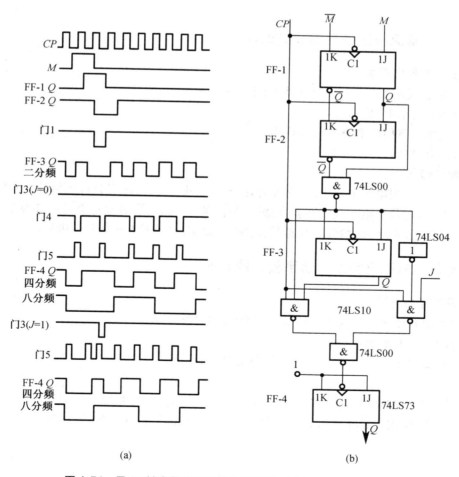

(a)　　　　　　　　　　　　(b)

图 4.76　用 JK 触发器构成的脉冲调相器时序图和电路原理图

第5章

电子技术课程设计题目汇编

5.1 模拟电路部分

5.1.1 直流可变稳压电源的设计

1.设计任务与要求

（1）用集成芯片制作一个 $0 \sim 15$ V 的直流电源。

（2）功率要求 15 W 以上。

（3）测量直流稳压电源的纹波系数。

（4）具有过压、过流保护。

2.参考资料

[1]张端.实用电子电路手册（数字电路分册）[M].北京:高等教育出版社,1991.

[2]郁汉琪.数字电子技术实验及课题设计[M]. 北京:高等教育出版社,1995.

[3]康华光.电子技术基础:模拟部分[M]. 北京:高等教育出版社,1988.

5.1.2 OTL 互补对称功率放大器设计

1.设计任务与要求

（1）利用晶体三极管构成互补推挽式 OTL 功率放大器。

（2）功率放大倍数自定义。

（3）测量 OTL 互补对称功率放大器的主要性能指标。

2.参考资料

[1]郁汉琪.数字电子技术实验及课题设计[M]. 北京:高等教育出版社,1995.

[2]康华光.电子技术基础:模拟部分[M]. 北京:高等教育出版社,1988.

5.1.3　有源滤波器设计

1.设计任务与要求

(1)由运算放大器组成有源低通、高通、带通、带阻滤波器。

(2)通频带自定义。

(3)测量设计的有源滤波器的幅频特性。

(4)选用通用运算放大器,运放的开环增益应在 80 dB 以上。

2.参考资料

[1]郁汉琪.数字电子技术实验及课题设计[M].北京:高等教育出版社,1995.

[2]康华光.电子技术基础:模拟部分[M].北京:高等教育出版社,1988.

5.1.4　简易万用电表的制作

1.设计任务与要求

(1)设计由集成运放组成的万用电表。

(2)至少能测量电阻、电容、电流和电压。

(3)选择适当的元器件并安装调试。

(4)测量一些电子元器件的参数,检验其测量准确率。

2.参考资料

[1]郁汉琪.数字电子技术实验及课题设计[M].北京:高等教育出版社,1995.

[2]康华光.电子技术基础:模拟部分[M].北京:高等教育出版社,1988.

5.1.5　信号峰值检测仪

1.设计任务与要求

(1)自定义检测信号,如机械应力、工频电压、工频电流等物理量。

(2)测量结果数字动态显示,显示位数自定义。

(3)要求检测仪能稳定地保持输入信号的峰值。

2.参考资料

[1]彭介华.电子技术课程设计指导[M].北京:高等教育出版社,2008.

[2]孙梅生,李美莺,徐振英.电子技术基础课程设计[M].北京:高等教育出版社,1989.

[3]梁宗善.电子技术基础课程设计[M].武汉:华中理工大学出版社,2005.

[4]张玉璞,李庆常.电子技术课程设计[M].北京:北京理工大学出版社,1994.

[5]谢自美.电子线路设计·实验·测试(第二版)[M].武汉:华中科技大学出版社,2005.

5.1.6　楼道触摸延时开关

1.设计任务与要求

(1)设计一个楼道触摸延时开关,其功能是当人用手触摸开关时,照明灯点亮,并持续一段时间后自动熄灭。

(2)开关的延时时间约 1 min。

2. 参考资料

[1]彭介华.电子技术课程设计指导[M].北京:高等教育出版社,2008.

[2]孙梅生,李美莺,徐振英.电子技术基础课程设计[M].北京:高等教育出版社,1989.

[3]谢自美.电子线路设计·实验·测试(第二版)[M].武汉:华中科技大学出版社,2005.

[4]康华光.电子技术基础:模拟部分[M].北京:高等教育出版社,1988.

5.1.7　自动水龙头设计

1. 设计任务与要求

(1)设计一个红外线自动水龙头电路,要求当人或物体靠近时,水龙头自动放水,而人或物体离开时水龙头自动关闭。

(2)采用红外线传感器。

(3)开关使用电磁阀工作。

2. 参考资料

[1]彭介华.电子技术课程设计指导[M].北京:高等教育出版社,2008.

[2]孙梅生,李美莺,徐振英.电子技术基础课程设计[M].北京:高等教育出版社,1989.

[3]梁宗善.电子技术基础课程设计[M].武汉:华中理工大学出版社,2005.

[4]张玉璞,李庆常.电子技术课程设计[M].北京:北京理工大学出版社,1994.

5.1.8　波形发生器设计

1. 设计任务与要求

(1)用集成运放组成的正弦波、方波和三角波发生器。

(2)幅值和频率自定义。

(3)正弦波、方波和三角波的幅值、频率、相位可调。

2. 参考资料

[1]彭介华.电子技术课程设计指导[M].北京:高等教育出版社,2008.

[2]孙梅生,李美莺,徐振英.电子技术基础课程设计[M].北京:高等教育出版社,1989.

[3]梁宗善.电子技术基础课程设计[M].武汉:华中理工大学出版社,2005.

[4]张玉璞,李庆常.电子技术课程设计[M].北京:北京理工大学出版社,1994.

5.1.9　过/欠电压保护提示电路

1. 设计任务与要求

(1)设计一个过/欠电压保护电路,当电网交流电压大于 250 V 或小于 180 V 时,经

3 ~ 4 s,本装置将切断用电设备的交流供电,并用 LED 发光警示。

(2)在电网交流电压恢复正常后,经本装置延时 3 ~ 5 min 后恢复用电设备的交流供电。

2. 参考资料

[1]彭介华. 电子技术课程设计指导[M]. 北京:高等教育出版社,2008.

[2]孙梅生,李美莺,徐振英. 电子技术基础课程设计[M]. 北京:高等教育出版社,1989.

[3]梁宗善. 电子技术基础课程设计[M]. 武汉:华中理工大学出版社,2005.

[4]谢自美. 电子线路设计·实验·测试(第二版)[M]. 武汉:华中科技大学出版社,2005.

5.1.10　电子调光控制器

1. 设计任务与要求

(1)设计并制造用电子控制的调光控制器。

(2)控制器的控制信号输入用触摸开关。

(3)灯光控制应满足亮度变化平稳且单调变化,不会发生忽暗忽明现象。

(4)供电 AC 220 V,50 Hz。

2. 参考资料

[1]张端. 实用电子电路手册[M]. 北京:高等教育出版社,1991.

[2]郁汉琪. 数字电子技术实验及课题设计[M]. 北京:高等教育出版社,1995.

[3]魏立君,韩华琦. COMS4000 系列 60 种常用集成电路的应用[M]. 北京:人民邮电出版社,1993.

5.1.11　脚步声控制照明灯

1. 设计任务与要求

(1)白天光线较强,照明灯不会点亮。

(2)晚上有脚步声时照明灯被点亮,脚步声消失后,灯亮延迟 10 s,再自动熄灭。

(3)功率集成电路家分立元件。

2. 参考资料

[1]张端. 实用电子电路手册[M]. 北京:高等教育出版社,1991.

[2]郁汉琪. 数字电子技术实验及课题设计[M]. 北京:高等教育出版社,1995.

[3]谢自美. 电子线路设计·实验·测试(第二版)[M]. 武汉:华中科技大学出版社,2005.

5.1.12　报警声响发生器

1. 设计任务与要求

(1)能发出消防车报警灯、救护车报警灯的报警声。

(2)输出功率≥1 W。

(3)当池中水位低于设定点时水泵自动抽水。

(4)元件:NE555 时基集成电路及分立元件。

2. 参考资料

[1]谢自美.电子线路设计·实验·测试(第二版)[M].武汉:华中科技大学出版社,2005.

[2]郁汉琪.数字电子技术实验及课题设计[M].北京:高等教育出版社,1995.

[3]梁宗善.电子技术基础课程设计[M].武汉:华中理工大学出版社,2005.

5.1.13　水位控制器

1. 设计任务与要求

(1)当水位到达设定点时水泵自动停止。

(2)元件:NE555 电路加分立元件。

(3)说明:可用灯泡亮灭模拟水泵工作。

2. 参考资料

[1]彭介华.电子技术课程设计指导[M].北京:高等教育出版社,2008.

[2]梁宗善.电子技术基础课程设计[M].武汉:华中理工大学出版社,2005.

[3]孙梅生,李美莺,徐振英.电子技术基础课程设计[M].北京:高等教育出版社,1989.

5.1.14　金属探测器

1. 设计任务与要求

(1)能探测木材中≥5 mm 深处的残留铁钉。

(2)当探测到金属物时能用声或光报警。

(3)元件:与非门加分立元件,探头可用带铁芯线圈自制。

2. 参考资料

[1]彭介华.电子技术课程设计指导[M].北京:高等教育出版社,2008.

[2]康华光.电子技术基础:模拟部分[M].北京:高等教育出版社,1988.

[3]郁汉琪.数字电子技术实验及课题设计[M].北京:高等教育出版社,1995.

5.1.15　直流电压升压器

1. 设计任务与要求

(1)输入电压 30 V,输出电压 45 V。

(2)输出电流能达到 0.5 A。

2. 参考资料

[1]郁汉琪.数字电子技术实验及课题设计[M].北京:高等教育出版社,1995.

[2]孙梅生,李美莺,徐振英.电子技术基础课程设计[M].北京:高等教育出版社,1989.

[3]张玉璞,李庆常.电子技术课程设计[M].北京:北京理工大学出版社,1994.

5.1.16　教室用电节能控制电路

1. 设计任务与要求

（1）设计制作一个控制电路。

（2）当天黑时有声音 1 楼灯亮,有人上楼梯时 2 楼灯亮。

（3）当人数少于一定时只有 2 楼灯亮,否则 3 楼开始亮,以此类推。

2. 参考资料

［1］张端. 实用电子电路手册［M］. 北京:高等教育出版社,1991.

［2］谢自美. 电子线路设计·实验·测试(第二版)［M］. 武汉:华中科技大学出版社,2005.

［3］张玉璞,李庆常. 电子技术课程设计［M］. 北京:北京理工大学出版社,1994.

5.1.17　带保护装置的水塔自动进水装置

1. 设计任务与要求

（1）设计制作一个带保护装置的水塔自动进水装置。

（2）要求有水满、进水、水量不足指示。

（3）当水位低时要自动进水,满时要及时断电,水位过低时也要断电保护。

2. 参考资料

［1］彭介华. 电子技术课程设计指导［M］. 北京:高等教育出版社,2008.

［2］魏立君,韩华琦. COMS4000 系列 60 种常用集成电路的应用［M］. 北京:人民邮电出版社,1993.

［3］谢自美. 电子线路设计·实验·测试(第二版)［M］. 武汉:华中科技大学出版社,2005.

5.1.18　多路输出直流稳压电源的设计与制作

1. 设计任务与要求

（1）设计制作一个多路输出直流稳压电源。

（2）可将 220 V/50 Hz 交流电转换为多路直流稳压输出: + 12 V/1 A, − 12 V/1 A, +5 V/1 A, −5 V/1 A, +5 V/3 A 及一组可调正电压。

2. 参考资料

［1］张端. 实用电子电路手册［M］. 北京:高等教育出版社,1991.

［2］谢自美. 电子线路设计·实验·测试(第二版)［M］. 武汉:华中科技大学出版社,2005.

［3］梁宗善. 电子技术基础课程设计［M］. 武汉:华中理工大学出版社,2005.

5.1.19　水温控制系统的设计与制作

1. 设计任务与要求

（1）设计制作一个可以测量和控制温度的温度控制器。

（2）测量和控制温度范围：室温–80 ℃，控制精度±1 ℃。

（3）控制通道输出为双向晶闸管或继电器。

（4）一组转换接点为市电 220 V，10 A。

2. 参考资料

［1］张端. 实用电子电路手册［M］. 北京：高等教育出版社，1991.

［2］郁汉琪. 数字电子技术实验及课题设计［M］. 北京：高等教育出版社，1995.

［3］谢自美. 电子线路设计·实验·测试（第二版）［M］. 武汉：华中科技大学出版社，2005.

5.1.20　半导体三极管 β 值测量仪

1. 设计任务与要求

（1）设计制作一个自动测量三极管直流放大系数 β 值范围的装置。

（2）对被测 NPN 型三极管值分三档。

（3）β 值的范围分别为 80～120，120～160，160～200，其对应的分档编号分别为 1，2，3；待测三极管空时显示 0，超过 200 显示 4。

（4）用数码管显示 β 的大小。

（5）电路采用 5 V 或 ±5 V 电源供电。

2. 参考资料

［1］张端. 实用电子电路手册［M］. 北京：高等教育出版社，1991.

［2］孙梅生，李美莺，徐振英. 电子技术基础课程设计［M］. 北京：高等教育出版社，1989.

［3］梁宗善. 电子技术基础课程设计［M］. 武汉：华中理工大学出版社，2005.

5.2　数字部分

5.2.1　数字式秒表

1. 设计任务与要求

（1）设计并制作符合要求的电子秒表。

（2）秒表由 6 位 7 段 LED 显示器显示，其中 2 位显示"min"，4 位显示"s"，显示分辨率为"0.01 s"。

（3）计数最大值到 99 min 59.99 s，计数误差不超过 0.01 s。

（4）具有清零、启动计数、暂停计时及继续计时等控制功能。

2. 参考资料

［1］彭介华. 智能数字电子技术基础［M］. 北京：高等教育出版社，1994.

［2］张端. 实用电子电路手册（数字电路分册）［M］. 北京：高等教育出版社，1992.

［3］郁汉琪. 数字电子技术实验及课题设计［M］. 北京：高等教育出版社，1995.

5.2.2   多路智力竞赛抢答器的设计

1. 设计任务与要求

（1）掌握抢答器的工作原理及其设计方法，2 人一组实现全部功能。

（2）设计一个智力竞赛抢答器，可同时供 8 名选手或 8 个代表队参加比赛，他们的编号分别是 0，1，2，3，4，5，6，7，各用一个抢答按钮，按钮的编号与选手的编号相对应，分别是 S0，S1，S2，S3，S4，S5，S6，S7。

（3）给节目主持人设置一个控制开关，用来控制系统的清零（编号显示数码管灭灯）和抢答的开始。

（4）抢答器具有数据锁存和显示的功能。抢答开始后，若有选手按动抢答按钮，编号立即锁存，并在编号显示器上显示出选手的编号，同时扬声器给出音响提示。此外，要封锁输入电路，禁止其他选手抢答。优先抢答选手的编号一直保持到主持人将系统清零为止。

2. 参考资料

［1］阎石. 数字电子技术基础［M］. 北京：高等教育出版社，1989.

［2］李世雄，丁康源. 数字集成电子技术教程［M］. 北京：高等教育出版社，1994.

［3］陈伟鑫. 新型实用电路精选指南［M］. 北京：电子工业出版社，1992.

5.2.3   循环彩灯控制电路的设计

1. 设计任务与要求

（1）节日彩灯采用不同色彩搭配方案的 16 路彩灯构成，有以下四种演示花型（2 人为一组）。

（2）16 路彩灯同时亮灭，亮灭节拍交替进行。

（3）16 路彩灯每次 8 路灯亮，8 路灯灭，且亮灭相间，交替亮灭。

（4）16 路彩灯先从左至右逐路点亮，到全亮后再从右至左逐路熄灭，循环演示。

（5）16 路彩灯分成左右 8 路，左 8 路从左至右逐路点亮，右 8 路从右至左逐路点亮，到全亮后，左 8 路从右至左逐路熄灭，右 8 路从左至右逐路熄灭，循环演示。

（6）要求彩灯亮灭一次的时间为 2 s，每 256 s 自动转换一种花型。花型转换的顺序为：花型 1—花型 2—花型 3—花型 4，演出过程循环演示。

2. 参考资料

［1］阎石. 数字电子技术基础［M］. 北京：高等教育出版社，1989.

［2］李世雄，丁康源. 数字集成电子技术教程［M］. 北京：高等教育出版社，1994.

［3］郁汉琪. 数字电子技术实验及课题设计［M］. 北京：高等教育出版社，1995.

5.2.4   15 位二进制数密码锁系统设计

1. 设计任务与要求

（1）具有密码预置功能。

（2）输入密码采用串行方式，输入过程中不提供密码数值信息。

（3）当输入 15 位密码完全正确时，密码锁打开。密码锁一旦打开，只有按下 RST 复位键时才能脱离开锁状态,并返回初始状态。

(4)密码输入过程中,只要输错 1 位密码,系统便进入错误状态。此时,只有按下 RST 复位键时才能脱离错误状态,返回初始状态。

(5)如果连续 3 次输错密码,系统将报警。一旦报警,将清楚记录错误次数,且只有按下 RST 复位键才能脱离报警状态,返回初始状态。

2. 参考资料

[1]童诗白,徐振英. 现代电子学及应用[M]. 北京:高等教育出版社,1994.

[2]李世雄,丁康源. 数字集成电子技术教程[M]. 北京:高等教育出版社,1994.

[3]陈伟鑫. 新型实用电路精选指南[M]. 北京:电子工业出版社,1992.

5.2.5 ASCII 码键盘编码电路设计

1. 设计任务与要求

(1)2 人一组。

(2)把键盘上所按下按钮产生的开关信号,编成一个对应的 ASCII 代码从输出端输出。ASCII 码编码表请参看有关教材。

(3)键盘共 $8 \times 8 = 64$ 个键,在外加两个控制键 Shift 键和 Ctrl 键作用下,共完成 128 个键的 ASCII 码输出。

2. 参考资料

[1]阎石. 数字电子技术基础[M]. 北京:高等教育出版社,1989.

[2]李世雄,丁康源. 数字集成电子技术教程[M]. 北京:高等教育出版社,1994.

[3]郁汉琪. 数字电子技术实验及课题设计[M]. 北京:高等教育出版社,1995.

5.2.6 报时式数字钟的设计

1. 设计任务与要求

(1)完成带时、分、秒显示的 24 h 计时功能。

(2)整点报时功能,要求当数字钟计到 59 min 51 s 时发出四声低音一声高音的报时音响,最后一声结束,整点时间到。

(3)完成对"分""时"的校准(要求有去抖动电路)。

(4)带闹钟功能(仿真)。

2. 参考资料

[1]童诗白,徐振英. 现代电子学及应用[M]. 北京:高等教育出版社,1994.

[2]李世雄,丁康源. 数字集成电子技术教程[M]. 北京:高等教育出版社,1994.

[3]陈伟鑫. 新型实用电路精选指南[M]. 北京:电子工业出版社,1992.

5.2.7 钟控定时电路

1. 设计任务与要求

(1)计时时间为 0 ~ 99 s,用两位 LED 分别显示(实做采用一位 LED)。

(2)定时控制时间的输入方式为串行输入(可用计数器实现),范围是 0 ~ 99 s,用两位

LED 分别显示。

（3）手动开关控制系统的复位、时间的寄存及启动,定时时间到要有声响报警,报警时间为 5 s。

（4）在计时开始前"0"="0"不应报警,只有在启动后时间到才可以报警。

（5）全部电路的控制开关不能超过 2 个。

2. 参考资料

［1］阎石. 数字电子技术基础［M］. 北京:高等教育出版社,1989.

［2］李世雄,丁康源. 数字集成电子技术教程［M］. 北京:高等教育出版社,1994.

［3］郁汉琪. 数字电子技术实验及课题设计［M］. 北京:高等教育出版社,1995.

5.2.8　交通灯控制器

1. 设计任务与要求

（1）十字路口有主、次道之分,用两组 6 位发光二极管表示两套红、绿、黄灯。当一路为红灯时另一路为绿灯;红灯变绿灯前,另一路绿灯应变为黄灯。

（2）工作方式有两种:一种是主道绿灯 16 s,黄灯 3 s,红灯 7 s;第二种方式为主道绿灯常亮,只有当次道有车时(用一位开关来模拟此信号),次道才由红灯变为绿灯。用一位开关来转换两种工作方式。

2. 参考资料

［1］彭介华. 智能数字电子技术基础［M］. 北京:高等教育出版社,1994.

［2］李世雄,丁康源. 数字集成电子技术教程［M］. 北京:高等教育出版社,1994.

［3］陈伟鑫. 新型实用电路精选指南［M］. 北京:电子工业出版社,1992.

5.2.9　数字频率计

1. 设计任务与要求

(1)频率计的显示为四位 LED 数码管。

(2)频率测量范围为 1 Hz ~ 10 kHz,要有溢出指示。

(3)频率计的输入要求有波形整形和处理电路。

2. 参考资料

［1］阎石. 数字电子技术基础［M］. 北京:高等教育出版社,1989.

［2］郁汉琪. 数字电子技术实验及课题设计［M］. 北京:高等教育出版社,1995.

［3］李世雄,丁康源. 数字集成电子技术教程［M］. 北京:高等教育出版社,1994.

5.2.10　彩灯控制器

1. 设计任务与要求

(1)节拍变化的时间为 0.5 s 和 0.25 s,两种节拍交替运行。

(2)三种花型要自动循环变化。

(3)编码器根据不同的花型送出 8 位状态码以控制彩灯按规律亮灭,可以选用双向移位寄存器 74LS194 实现该功能,左、右移位的控制信号及节拍变化均由控制电路提供信号。

2. 参考资料

[1]阎石. 数字电子技术基础[M]. 北京:高等教育出版社,1989.

[2]彭介华. 智能数字电子技术基础[M]. 北京:高等教育出版社,1994.

[3]童诗白,徐振英. 现代电子学及应用[M]. 北京:高等教育出版社,1994.

5.2.11　低频信号频率测试仪

1. 设计任务与要求

(1)构造一个数字频率计。

(2)要求分成三挡测量范围,即 X1,X10,X100。在 X1 挡,测量范围为 1～999 Hz,以此类推,最高测量频率为 99.9 kHz。

(3)测量范围的选择由按键手控,但要有指示灯显示。

(4)输入频率大于实际量程要有溢出显示。

(5)分析设计要求,明确性能指标。必须仔细分析课题要求、性能、指标及应用环境等,广开思路,构思出各种总体方案,绘制结构框图。

(6)确定合理的总体方案。对各种方案进行比较,对电路的先进性、结构的繁简、成本的高低及制作的难易等方面作综合比较,并考虑器件的来源,敲定可行方案。

(7)设计各单元电路。总体方案化整为零,分解成若干子系统或单元电路,逐个设计。

(8)组成系统。在一定幅面的图纸上合理布局,通常是按信号的流向,采用左进右出的规律摆放各电路,并标出必要的说明。

2. 参考资料

[1]阎石. 数字电子技术基础[M]. 北京:高等教育出版社,1989.

[2]李世雄,丁康源. 数字集成电子技术教程[M]. 北京:高等教育出版社,1994.

[3]郁汉琪. 数字电子技术实验及课题设计[M]. 北京:高等教育出版社,1995.

5.2.12　智力竞赛抢答器

1. 设计任务与要求

(1)五人参赛每人一个按钮,主持人一个按钮,按下就开始。

(2)每人一个发光二极管,抢中者灯亮。

(3)有人抢答时,喇叭响 2 s。

(4)答题时限为 10 s,从有人抢答开始,用数码管倒计时间 10,9,8,…,1,0;倒计时到 0 的时候,喇叭发出 2 s 声响。

(5)分析设计要求,明确性能指标。必须仔细分析课题要求、性能、指标及应用环境等,广开思路,构思出各种总体方案,绘制结构框图。

(6)确定合理的总体方案。对各种方案进行比较,以电路的先进性、结构的繁简、成本的高低及制作的难易等方面作综合比较,并考虑器件的来源,敲定可行方案。

(7)设计各单元电路。总体方案化整为零,分解成若干子系统或单元电路,逐个设计。

(8)组成系统。在一定幅面的图纸上合理布局,通常是按信号的流向,采用左进右出的规律摆放各电路,并标出必要的说明。

2. 参考资料

[1]彭介华. 智能数字电子技术基础[M]. 北京:高等教育出版社,1994.

[2]李世雄,丁康源. 数字集成电子技术教程[M]. 北京:高等教育出版社,1994.

[3]陈伟鑫. 新型实用电路精选指南[M]. 北京:电子工业出版社,1992.

5.2.13　速度表

1. 设计任务与要求

(1)显示汽车速度值,km/h。

(2)车轮每转一圈,有一传感脉冲;每个脉冲代表 1 m 的距离。

(3)采样周期设为 10 s。

(4)要求显示到小数点后边两位。

(5)用数码管显示。

(6)最高时速小于 300 km/h。

(7)分析设计要求,明确性能指标。必须仔细分析课题要求、性能、指标及应用环境等,广开思路,构思出各种总体方案,绘制结构框图。

(8)确定合理的总体方案。对各种方案进行比较,以电路的先进性、结构的繁简、成本的高低及制作的难易等方面作综合比较,并考虑器件的来源,敲定可行方案。

(9)设计各单元电路。总体方案化整为零,分解成若干子系统或单元电路,逐个设计。

(10)组成系统。在一定幅面的图纸上合理布局,通常是按信号的流向,采用左进右出的规律摆放各电路,并标出必要的说明。

2. 参考资料

[1]阎石. 数字电子技术基础[M]. 北京:高等教育出版社,1989.

[2]彭介华. 智能数字电子技术基础[M]. 北京:高等教育出版社,1994.

[3]李世雄,丁康源. 数字集成电子技术教程[M]. 北京:高等教育出版社,1994.

5.2.14　电子秒表

1. 设计任务与要求

(1)设计可控的计数器(定时器)、分频器、按键去抖电路和动态扫描显示电路。

(2)设计系统顶层电路。

(3)进行功能仿真和时序仿真。

(4)对仿真结果进行分析,确认仿真结果达到了设计要求。

(5)分析设计要求,明确性能指标。必须仔细分析课题要求、性能、指标及应用环境等,广开思路,构思出各种总体方案,绘制结构框图。

(6)确定合理的总体方案。对各种方案进行比较,以电路的先进性、结构的繁简、成本的高低及制作的难易等方面作综合比较,并考虑器件的来源,敲定可行方案。

(7)设计各单元电路。总体方案化整为零,分解成若干子系统或单元电路,逐个设计。

(8)组成系统。在一定幅面的图纸上合理布局,通常是按信号的流向,采用左进右出的规律摆放各电路,并标出必要的说明。

2. 参考资料

[1]彭介华. 智能数字电子技术基础[M]. 北京:高等教育出版社,1994.

[2]李世雄,丁康源. 数字集成电子技术教程[M]. 北京:高等教育出版社,1994.

[3]童诗白,徐振英. 现代电子学及应用[M]. 北京:高等教育出版社,1994.

5.2.15　多用时间控制器

1. 设计任务与要求

(1)走时精度,每日误差 ≤ 1 s。

(2)启动控制时间误差不超过 1 min。

(3)控制时间可以任意设置(如铃响时间 6 s,音乐声 30 s,电饭锅 30 min)。

(4)分析设计要求,明确性能指标。必须仔细分析课题要求、性能、指标及应用环境等,广开思路,构思出各种总体方案,绘制结构框图。

(5)确定合理的总体方案。对各种方案进行比较,对电路的先进性、结构的繁简、成本的高低及制作的难易等方面作综合比较,并考虑器件的来源,敲定可行方案。

(6)设计各单元电路。总体方案化整为零,分解成若干子系统或单元电路,逐个设计。

(7)组成系统。在一定幅面的图纸上合理布局,通常是按信号的流向,采用左进右出的规律摆放各电路,并标出必要的说明。

2. 参考资料

[1]阎石. 数字电子技术基础[M]. 北京:高等教育出版社,1989.

[2]李世雄,丁康源. 数字集成电子技术教程[M]. 北京:高等教育出版社,1994.

[3]陈伟鑫. 新型实用电路精选指南[M]. 北京:电子工业出版社,1992.

5.2.16　水位自动控制装置

1. 设计任务与要求

(1)水位自动控制在一定范围内(如 2 ~ 6 m),当水位低至 2 m 时使电动机启动,带动水泵上水;当水位升至 6 m 时,使电动机停转。

(2)因特殊情况水位超限(如高至 7 m、低至 1 m)报警器报警。

(3)设有手动按键,便于随机控制。

(4)由数码管直观显示当前水位。

(5)分析设计要求,明确性能指标。必须仔细分析课题要求、性能、指标及应用环境等,广开思路,构思出各种总体方案,绘制结构框图。

(6)确定合理的总体方案。对各种方案进行比较,以电路的先进性、结构的繁简、成本的高低及制作的难易等方面作综合比较,并考虑器件的来源,敲定可行方案。

(7)设计各单元电路。总体方案化整为零,分解成若干子系统或单元电路,逐个设计。

(8)组成系统。在一定幅面的图纸上合理布局,通常是按信号的流向,采用左进右出的规律摆放各电路,并标出必要的说明。

2. 参考资料

[1]彭介华. 智能数字电子技术基础[M]. 北京:高等教育出版社,1994.

[2]李世雄,丁康源.数字集成电子技术教程[M].北京:高等教育出版社,1994.

[3]郁汉琪.数字电子技术实验及课题设计[M].北京:高等教育出版社,1995.

5.2.17　数字式红外测速仪

1.设计任务与要求

(1)将电动机的转速信号用光电转换,数字处理,最后用数码管稳定地显示出来。

(2)用红外发光二极管、光敏三极管作为速度检测、转换装置。

(3)测速范围:10~990 rad/min。

(4)两位数字显示,显示不允许闪烁。

(5)分析设计要求,明确性能指标。必须仔细分析课题要求、性能、指标及应用环境等,广开思路,构思出各种总体方案,绘制结构框图。

(6)确定合理的总体方案。对各种方案进行比较,以电路的先进性、结构的繁简、成本的高低及制作的难易等方面作综合比较,并考虑器件的来源,敲定可行方案。

(7)设计各单元电路。总体方案化整为零,分解成若干子系统或单元电路,逐个设计。

(8)组成系统。在一定幅面的图纸上合理布局,通常是按信号的流向,采用左进右出的规律摆放各电路,并标出必要的说明。

2.参考资料

[1]彭介华.智能数字电子技术基础[M].北京:高等教育出版社,1994.

[2]陈伟鑫.新型实用电路精选指南[M].北京:电子工业出版社,1992.

[3]郁汉琪.数字电子技术实验及课题设计[M].北京:高等教育出版社,1995.

5.2.18　LED显示器动态扫描驱动电路的设计

1.设计任务与要求

(1)显示位数为4位。

(2)用分立元件设计。

(3)分析设计要求,明确性能指标。必须仔细分析课题要求、性能、指标及应用环境等,广开思路,构思出各种总体方案,绘制结构框图。

(4)确定合理的总体方案。对各种方案进行比较,对电路的先进性、结构的繁简、成本的高低及制作的难易等方面作综合比较,并考虑器件的来源,敲定可行方案。

(5)设计各单元电路。总体方案化整为零,分解成若干子系统或单元电路,逐个设计。

(6)组成系统。在一定幅面的图纸上合理布局,通常是按信号的流向,采用左进右出的规律摆放各电路,并标出必要的说明。

2.参考资料

[1]阎石.数字电子技术基础[M].北京:高等教育出版社,1989.

[2]李世雄,丁康源.数字集成电子技术教程[M].北京:高等教育出版社,1994.

[3]童诗白,徐振英.现代电子学及应用[M].北京:高等教育出版社,1994.

5.2.19　自动出售邮票机电路的设计

1. 设计任务与要求

（1）设计一个自动售邮票机的逻辑电路。每次只允许投入一枚五角或一元的硬币，累计投入一元五角硬币给出一张邮票，如果投入二元硬币，则给出邮票的同时还应找回五角钱。

（2）要求用 D 触发器和门电路实现，完成状态转换图、卡诺图化简、三个方程（驱动、输出、状态）、逻辑电路图。

（3）分析设计要求，明确性能指标。必须仔细分析课题要求、性能、指标及应用环境等，广开思路，构思出各种总体方案，绘制结构框图。

（4）确定合理的总体方案。对各种方案进行比较，以电路的先进性、结构的繁简、成本的高低及制作的难易等方面作综合比较，并考虑器件的来源，敲定可行方案。

（5）设计各单元电路。总体方案化整为零，分解成若干子系统或单元电路，逐个设计。

（6）组成系统。在一定幅面的图纸上合理布局，通常是按信号的流向，采用左进右出的规律摆放各电路，并标出必要的说明。

2. 参考资料

［1］彭介华. 智能数字电子技术基础［M］. 北京：高等教育出版社，1994.

［2］李世雄，丁康源. 数字集成电子技术教程［M］. 北京：高等教育出版社，1994.

［3］童诗白，徐振英. 现代电子学及应用［M］. 北京：高等教育出版社，1994.

5.2.20　上下课铃声识别系统

1. 设计任务与要求

（1）设计一个开关电路仅对学校的上课、下课铃声敏感。

（2）铃声来时输出高电平。

（3）能识别出上课铃声和下课铃声。

（4）分析设计要求，明确性能指标。必须仔细分析课题要求、性能、指标及应用环境等，广开思路，构思出各种总体方案，绘制结构框图。

（5）确定合理的总体方案。对各种方案进行比较，对电路的先进性、结构的繁简、成本的高低及制作的难易等方面作综合比较，并考虑器件的来源，敲定可行方案。

（6）设计各单元电路。总体方案化整为零，分解成若干子系统或单元电路，逐个设计。

（7）组成系统。在一定幅面的图纸上合理布局，通常是按信号的流向，采用左进右出的规律摆放各电路，并标出必要的说明。

2. 参考资料

［1］阎石. 数字电子技术基础［M］. 北京：高等教育出版社，1989.

［2］李世雄，丁康源. 数字集成电子技术教程［M］. 北京：高等教育出版社，1994.

［3］陈伟鑫. 新型实用电路精选指南［M］. 北京：电子工业出版社，1992.

5.2.21　汽车尾灯控制电路

1. 设计任务与要求

（1）设计构成一个控制汽车六个尾灯的电路，用六个指示灯模拟六个尾灯（汽车每侧三个灯），并用两个拨动式（乒乓）开关作为转弯信号源。

（2）一个乒乓开关用于指示右转弯，一个乒乓开关用于指示左转弯，如果两个乒乓开关都被接通，说明驾驶员是一个外行，紧急闪烁器起作用。

（3）设置转弯信号状态计数电路。

（4）设置时钟发生电路（$f = 1$ Hz）。

（5）设置控制电路。

（6）设置逻辑开关。

（7）画出汽车尾灯控制电路图。

（8）分析设计要求，明确性能指标。必须仔细分析课题要求、性能、指标及应用环境等，广开思路，构思出各种总体方案，绘制结构框图。

（9）确定合理的总体方案。对各种方案进行比较，对电路的先进性、结构的繁简、成本的高低及制作的难易等方面作综合比较，并考虑器件的来源，敲定可行方案。

（10）设计各单元电路。总体方案化整为零，分解成若干子系统或单元电路，逐个设计。

（11）组成系统。在一定幅面的图纸上合理布局，通常是按信号的流向，采用左进右出的规律摆放各电路，并标出必要的说明。

2. 参考资料

[1]彭介华.智能数字电子技术基础[M].北京:高等教育出版社,1994.

[2]李世雄,丁康源.数字集成电子技术教程[M]. 北京:高等教育出版社,1994.

[3]郁汉琪.数字电子技术实验及课题设计[M]. 北京:高等教育出版社,1995.

5.2.22　数字温度计

1. 设计任务与要求

（1）设计一个测试温度范围为 0 ~ 100 ℃的数字温度计。

（2）查阅资料选择温度传感器。

（3）设计温度测量电路（确定温度与电压之间的转换关系）。

（4）设计温度显示电路（显示的数字应反映被测量的温度）。

（5）画出数字温度计电路图，读数范围 0 ~ 100 ℃，读数稳定。

（6）分析设计要求，明确性能指标。必须仔细分析课题要求、性能、指标及应用环境等，广开思路，构思出各种总体方案，绘制结构框图。

（7）确定合理的总体方案。对各种方案进行比较，对电路的先进性、结构的繁简、成本的高低及制作的难易等方面作综合比较，并考虑器件的来源，敲定可行方案。

（8）设计各单元电路。总体方案化整为零，分解成若干子系统或单元电路，逐个设计。

（9）组成系统。在一定幅面的图纸上合理布局，通常是按信号的流向，采用左进右出的规律摆放各电路，并标出必要的说明。

2. 参考资料

[1]阎石.数字电子技术基础[M].北京:高等教育出版社,1989.

[2]陈伟鑫.新型实用电路精选指南[M].北京:电子工业出版社,1992.

[3]李世雄,丁康源.数字集成电子技术教程[M].北京:高等教育出版社,1994.

5.2.23 多路防盗报警电路的设计

1. 设计任务与要求

(1)设计一个多路防盗报警电路。

(2)输入电压:DC 12 V。

(3)输出信号:同时驱动 LED 和继电器。

(4)具有延时触发功能。

(5)具有显示报警地点功能。

(6)可以根据需要随时扩展报警路数。

(7)分析设计要求,明确性能指标。必须仔细分析课题要求、性能、指标及应用环境等,广开思路,构思出各种总体方案,绘制结构框图。

(8)确定合理的总体方案。对各种方案进行比较,对电路的先进性、结构的繁简、成本的高低及制作的难易等方面作综合比较,并考虑器件的来源,敲定可行方案。

(9)设计各单元电路。总体方案化整为零,分解成若干子系统或单元电路,逐个设计。

(10)组成系统。在一定幅面的图纸上合理布局,通常是按信号的流向,采用左进右出的规律摆放各电路,并标出必要的说明。

2. 参考资料

[1]郁汉琪.数字电子技术实验及课题设计[M].北京:高等教育出版社,1995.

[2]阎石.数字电子技术基础[M].北京:高等教育出版社,1989.

[3]彭介华.智能数字电子技术基础[M].北京:高等教育出版社,1994.

5.2.24 出租车计费器

1. 设计任务与要求

(1)自动计费器具有行车里程计费、等候时间计费和起步费三部分,三项计费统一用四位数码管显示,最大金额为 99.99 元。

(2)行车里程单价设为 1.80 元/km,等候时间计费设为 1.5 元/10 min,起步费设为 8.00 元。

(3)要求行车时,计费值每公里刷新一次;等候时每 10 min 刷新一次;行车不到 1 km 或等候不足 10 min 则忽略计费。

(4)在启动和停车时给出声音提示。

(5)分析设计要求,明确性能指标。必须仔细分析课题要求、性能、指标及应用环境等,广开思路,构思出各种总体方案,绘制结构框图。

(6)确定合理的总体方案。对各种方案进行比较,对电路的先进性、结构的繁简、成本的高低及制作的难易等方面作综合比较,并考虑器件的来源,敲定可行方案。

（7）设计各单元电路。总体方案化整为零，分解成若干子系统或单元电路，逐个设计。

（8）组成系统。在一定幅面的图纸上合理布局，通常是按信号的流向，采用左进右出的规律摆放各电路，并标出必要的说明。

2. 参考资料

［1］彭介华. 智能数字电子技术基础［M］. 北京：高等教育出版社，1994.

［2］陈伟鑫. 新型实用电路精选指南［M］. 北京：电子工业出版社，1992.

［3］童诗白，徐振英. 现代电子学及应用［M］. 北京：高等教育出版社，1994.

第6章

电子技术课程设计撰写规范及要求

1. 课程设计的版面

①课程设计统一用计算机录入并打印。

②纸张规格为 A4，版面上、下空 2.54 cm，左、右空 3.17 cm、装订线 0.5 cm，左侧装订。

③页数用小五号字下居中标明。

2. 结构及要求

课程设计报告的组成及装订顺序：封面、目录、正文、参考文献、附录（源代码）。

（1）封面

封面包括题目、姓名、班级、指导教师、联系方式。

（2）目录

目录要求层次清晰，且与正文中标题一致，包括正文主要层次标题、参考文献、附录。

（3）正文

①正文的内容

正文部分包括摘要、报告主体和结论。要求文章结构严谨，语言流畅，内容正确。

摘要要以简短的篇幅，说明课程设计工作的基本原理。

报告主体是核心部分，占主要篇幅，要求文字简练，条理分明，重点突出，概念清楚，论证充分，逻辑性强。报告主体要阐述清楚自己的课程设计过程是如何实现的，以及相关的数据结构、分析过程、存在问题等。报告正文中使用的源程序代码，除为了阐述数据结构和算法而必须使用的代码外，不能占主要部分，最好不超过 10%。

报告中要求有程序运行时的界面，界面直接从计算机屏幕上抓图获得，程序运行示例 2个以上（通过示例可以说明程序的功能），及相应的运行结果。

结论是整个毕业设计报告的总结，应以简练的文字说明通过课程设计对编译原理课程的理解和新的认识，在课程设计中实现的功能和取得的成果，以及存在的问题等。

正文中引用文献号用方括号"[ ]"括起来置于引用文字的右上角，按上标书写。

②对正文内容及篇幅的要求

课程设计的汉字的数量要求在 3 000 字以上。

③正文的层次划分和编排方法

正文是论文的主要组成部分，题序层次是文章结构的框架。章条序码统一用阿拉伯数字表示,题序层次可以分为若干级,各级号码之间加一小圆点,末尾一级码的后面不加小圆点,层次分级一般不超过 4 级为宜,各级与上下文间均单倍行距。示例如下。

报告题目:居中放置,并且距下文双倍行距(黑体一号字)。

正文各层次内容:单倍行距(宋体小四号字,英文用 Courier New 字体小四)。

题序层次的题序和题名:

第一级(章)1,2,3,…　(黑体小二号字)

第二级(条)1.1,1.2,…,2.1,2.2,…,3.1,3.2,…　(黑体小三号字)

第三级(条)1.1.1,1.1.2,…,1.2.1,1.2.2,…　(黑体四号字)

第四级(条)1.1.1.1,1.1.1.2,…,1.2.2.1,1.2.2.2,…　(黑体小四号字)

题序层次编排格式为:章条编号一律左顶格,编号后空一个字距,再写章条题名。题名下面的文字一般另起一行,也可在题名后,但要与题名空一个字距。如在条以下仍需分层,则通常用 1. ,2. ,…,(1),(2),…编序,左空 2 个字距。

(4)图表和公式

①图表

报告中的选图及制图力求精练。所有图表均应精心设计并用绘图笔绘制,不得徒手勾画。各类图表的绘制均应符合国家标准。报告中的表一律不画左右端线,表的设计应简单明了。图表中所涉及的单位一律不加括号,用","与量值隔开。图表均应有标题,并按章编号(如图 1 - 1、表 2 - 2 等)。图表标题均居中书写,字号比正文小一号。

②公式

公式统一用英文斜体书写,公式中有上标、下标、顶标、底标等时,必须层次清楚。公式应居中放置,公式前的"解""假设"等文字顶格写,公式末不加标点,公式的序号写在公式右侧的行末顶边线,并加圆括号。序号按章排,如"(1 - 1)""(2 - 1)"。公式换行书写时与等号对齐。

(5)参考文献

参考文献是报告中引用文献出处的目录表。凡引用本人或他人已公开或未公开发表文献中的学术思想、观点或研究方法、设计方案等,不论借鉴、评论、综述,还是用作立论依据、学术发展基础,都应编入参考文献目录。直接引用的文字应直录原文并用引号括起来。直接、间接引用都不应断章取义。

参考文献的著录方法采用我国国家标准 GB7714 - 87《文后参考文献著录规则》中规定采用的"顺序编码制",中外文混编。报告中,引用出处按引用先后顺序用阿拉伯数字和方括号[]放在引文结束处最后一个字的右上角作为对参考文献表相应条目的呼应。文后参考文献表中,各条文献按在报告中的文献序号顺序排列。各类文献的著录格式如下。

①专著

[序号]著者. 书名[M]. 版本. 其他责任者. 出版地:出版者,出版年,文献数量.

示例:[1]李广弟. 单片机基础[M]. 北京:北京航空航天大学出版社,2001.

②期刊

[序号]作者. 题名[J]. 其他责任者. 刊名,年,卷(期):在原文献中的位置.

示例:[2]樊振方,彭爱华,周健,等. 基于 GSM 网络的汽车防盗报警系统设计[J]. 电子技术应用,2006(3):14 - 16.

③论文集

［序号］作者.题名［A］.见:编者.文集名.出版地:出版者,出版年.文献起止页码.

示例:［3］Fox R L, Willmert K D.不等式约束的连杆曲线最优化设计［A］.见:机构学译文集编写组.机构学译文集.北京:机械工业出版社,1982.232－242.

④国际、国家标准

［序号］标准代号,标准顺序号—发布年,标准名称［S］.

示例:［4］GB3100—3102－93,量和单位［S］.

⑤学位论文

［序号］作者.题名［D］.保存地:保存者,年份.

示例:［5］赵湘宁,无线传感器网络中地理信息路由算法的研究［D］.长沙:中南大学,2008.

⑥会议论文

［序号］作者.题名［C］.会议名称,会址,会议年份.

示例:［6］夏小华,高为柄.稳定设计中的分解和参数化方法［C］.全国控制与决策会议,黄山,1993.

(6)附录

未尽事宜可将其列在附录中加以说明。原始测定结果、分析报告、图表、测试报告单、译文等,均可列在附录中,附录序号用"附录 A、附录 B"等字样表示。

参 考 文 献

[1] 清华大学电子学教研组,童诗白.模拟电子技术基础[M].2 版.北京:高等教育出版社,1988.

[2] 童诗白,徐振英.现代电子学及应用[M].北京:高等教育出版社,1994.

[3] 梁宗善.电子技术基础课程设计[M].武汉:华中理工大学出版社,1995.

[4] 张玉璞,李庆常.电子技术课程设计[M].北京:北京理工大学出版社,1994.

[5] 郁汉其.数字电子技术实验室及课程设计[M].北京:高等教育出版社,1995.

[6] 洛佛特 G,奇德奇 RS.电子测试与故障诊断[M].江庚,译.武汉:华中工学院出版社,1986.

[7] 沃布沙尔 D.电子仪器的电路设计[M].言华,译.北京:科学出版社,1992.

[8] 陈伟鑫.新型实用电路精选指南[M].北京:电子工业出版社,1992.

[9] 曾新民,杜棕源.集成运算放大器应用电路设计[J].电子科学技术,1984,1:12.

[10] 彭介华.电子技术课程设计指导[M].北京:高等教育出版社,1997.

[11] 赛尔吉欧·佛朗哥(Franco.S),刘树棠.基于运算放大器和模拟集成电路的电路设计[M].西安:西安交通大学出版社,2009.

[12] 寇戈,蒋立平.模拟电路与数字电路[M].北京:电子工业出版社,2008.

[13] 华中科技大学电子技术课程组,康华光.电子技术基础:模拟部分[M].5 版.北京:高等教育出版社,2006.

[14] 科特尔,曼西尼.运算放大器权威指南[M].姚剑清,译.北京:人民邮电出版社,2010.

[15] 拉贝艾.数字集成电路:电路、系统设计[M].周润德,译.北京:电子工业出版社,2010.

[16] 甘学温,赵宝瑛.集成电路原理与设计[M].北京:北京大学出版社,2006.

[17] 克马恩齐恩德.模拟集成电路设计的艺术[M].白煜,译.北京:人民邮电出版社,2010

[18] 袁燕华.培训课程开发与设计案例集[M].北京:人民邮电出版社,2011.

[19] 兰吉昌.数字集成电路应用 260 例[M].北京:化学工业出版社,2009.

[20] 黄继昌,程宝平,王芳,等.传感器检测及控制集成电路应用 210 例[M].北京:中国电力出版社,2013.

[21] 王昊,李昕.集成运放应用电路设计 360 例[M].北京:电子工业出版社,2007.

[22] 俞阿龙,杨军,孙红兵,等.数字电子技术[M].南京:南京大学出版社,2011.

[23] 杨家树,关静.OP 放大器电路及应用[M].北京:科学出版社,2010.

[24] 谭博学.集成电路原理及应用[M].北京:电子工业出版社,2011.

[25] 王志功,陈莹梅.集成电路设计[M].北京:电子工业出版社,2009.

[26] 宋焕明,赵俊霞,周志祥.模拟集成电路[M].北京:机械工业出版社,2009.

[28] Choudhury D Roy,Shail B Jain.线性集成电路设计[M].陈力颖,黄晓宗,译.北京:科

学出版社，2010.

[29]　郭镜利,刘延飞,李琪,等.基于 Multisim 的电子系统设计、仿真与综合应用[M].北京:人民邮电出版社,2012.

[30]　吴俊芹.电子技术实训与课程设计[M].北京:机械工业出版社,2009.